U0234199

太空采矿及其监管规则

Space Mining and Its Regulation

[加] 拉姆·S.雅各布（Ram S.Jakhu）
[美] 约瑟夫·N.佩尔顿（Joseph N.Pelton） 著
[加] 亚乌·奥图·曼加塔·尼亚曼庞格（Yaw O. M. Nyampong）

果琳丽 姜生元 陈 旭 任 忠 等译

北京理工大学出版社
BEIJING INSTITUTE OF TECHNOLOGY PRESS

图书在版编目（CIP）数据

太空采矿及其监管规则／（加）拉姆・S.雅各布
(Ram S. Jakhu)，（美）约瑟夫・N.佩尔顿
(Joseph N. Pelton)，（加）亚乌・奥图・曼加塔・尼亚
曼庞格 (Yaw O. M. Nyampong) 著；果琳丽等译. -- 北
京：北京理工大学出版社，2021.11

书名原文：Space Mining and Its Regulation

ISBN 978 - 7 - 5763 - 0469 - 5

Ⅰ. ①太… Ⅱ. ①拉… ②约… ③亚… ④果… Ⅲ.
①空间资源 - 资源开发 - 研究②空间资源 - 资源管理 - 研
究 Ⅳ. ①P17

中国版本图书馆 CIP 数据核字（2021）第 251907 号

北京市版权局著作权合同登记号 图字：01 - 2021 - 6615

First published in English under the title

Space Mining and Its Regulation

by Ram Jakhu, Joseph Pelton and Yaw Otu Mankata Nyampong, edition：1

Copyright ⓒ Springer International Publishing Switzerland, 2017 ∗

This edition has been translated and published under licence from

Springer Nature Switzerland AG.

Springer Nature Switzerland AG takes no responsibility and shall not be made liable for the accuracy of

the translation.

出版发行／北京理工大学出版社有限责任公司	
社　　址／北京市海淀区中关村南大街 5 号	
邮　　编／100081	
电　　话／（010）68914775（总编室）	
（010）82562903（教材售后服务热线）	
（010）68944723（其他图书服务热线）	
网　　址／http：//www.bitpress.com.cn	
经　　销／全国各地新华书店	
印　　刷／三河市华骏印务包装有限公司	
开　　本／710 毫米 × 1000 毫米　1/16	
印　　张／15.25	责任编辑／徐　宁
彩　　插／5	文案编辑／徐　宁
字　　数／240 千字	
版　　次／2021 年 11 月第 1 版　2021 年 11 月第 1 次印刷	责任校对／周瑞红
定　　价／98.00 元	责任印制／李志强

聚焦前沿，解放思想
谨以此书致敬中国空间技术研究院
神舟学院的师生们！

译者序

遇到本书之前，我是空间法的"法盲"。我是一名在航天研发战线工作多年的系统工程师，在 2021 年 2 月"意外而又糊涂"地加入到国际月球村（Moon Village Alliance，MVA）的全球专家组（Global Expert Group on Sustainable Lunar Activities，GEGSLA）之前，我对国际空间法知之甚少，我的主要精力都投入到航天新项目论证及前沿技术的跟踪和研发工作上。之所以说是"意外而又糊涂"，是因为我想当然地以为国际月球村是个单纯研究月球基地技术方案的学术组织，直到等我真正进入到 MVA/GEGSLA 工作组开展相关工作后，才发现我参加的这个工作组，其实是研究未来世界各国在月球上开展长期可持续活动时，如何"避免潜在冲突、制定游戏规则"的工作组。虽然是国际非政府组织，但是前来参加讨论的成员来自世界各国的利益相关方，既有政府机构、工业部门、学术教育界的代表，也有私营商业航天公司的代表；登记注册的正式委员有 37 名，观察员还有 200 多名之多；研讨的议题包括"月球活动登记注册制度、月面安全区和遗址保护、月轨碎片减缓、月球环境保护、互操作性与兼容性、月球活动监管"等内容，国际社会对未来以月球为代表的外空资源开发利用活动的关切程度由此可窥一斑。之所以当前国际社会加速推进外空资源开发利用的法律制度讨论，其历史背景和根源就在于当前美欧等国正在快速推进"太空采矿"活动，以月球为代表的地外天体资源的开发和利用活动，将显著改变全球空间经济的发展进程。也正因如此，围绕外空资源开发权益探讨，不仅影响着世界各国未来的空间经济，更与国家安全息息相关。在 2021 年 4 月美国公开出版的《太空安全的未来：未来 30 年的美国战略》报告中，已明确地指出地月空间是美国未来 30 年的太空安全战略"高边疆"。为此美国制定的国家战略是"软硬"两手抓战略：一方面力图把控国际社会对"外空资源治理"相关的空间法律规则和政策的进程；另一方面整合国内及国际的航天工业资源，全力推动 Artemis 重返月球计划的实施，包括授予 SpaceX 公司载人登月舱的开发合同，促使美国能够借助商业力量快速具备载人重返月球及开发利用月球资源的硬实力，从而确保美国持续在航天领域保持国际领导力。通过参加 MVA/GEGSLA 的工作，让我深刻地意识到，对外空资源开发利用法律问题的讨论，将对我国未来开展月球长期可持续探测活动产生重大影响。虽然我国成功实施了"嫦娥"月球探测工程，但是与美国正在推动实施的 Artemis 计划相比，我们具备的是小规模、无人的月球探测活动能力，与美国相比尚存在技术上的代差。2016 年，在戚发轫院士的指导下，我们翻译出版了《面向载人月球/火星探测的原位资源利用技术》一书，系统地向国内的同行们介绍月球/火星原位资源利用相关的技术原理和发展概况。然而，由于国内尚处在跟踪研究阶段，与之相关的航天工程实践尚未提上日程。因此，当前国际社会推动开展的关于月球资源开发利用的空间法律和政策的研讨，无疑是对以我为代表的空间法"法盲"的一拳重击。以前我只知道航天工程技术落后会"挨打"，现在我懂得了空间法律意识的缺失更会"挨打"，因此非常有必要补课，2021 年也因此成为我自觉学习空间法的元年。

　　空间技术的快速发展推动着空间政策和法律制度的持续创新。从最朴素的想法出发，为了能在 MVA/GEGSLA 专家组里不给中国人"丢脸"，我快速学习了与"空间资源治理"相关的报告、论文和书籍。其中，2017 年出版的《太空采矿及其监管规则》一书引起了我的注意，这本书最突出的特点就是把空间技术和空间法律结合在一起来论述，不仅全面介绍了 2017 年前国际社会在太空采矿领域，对空间资源的认识、空间采矿作业、能源及运输技术的发展、世界主要航天国家的空间探测规划，以及新兴的空间采矿公司的概况，更重要的是介绍了与太空采矿相关的空间政策和法律制度所面临的挑战，包括 1967 年的《关于各国探索和利用包括月球和其他天体在内的外层空间活动的原则条约》（简称《外空条约》）、1968 年的《营救宇航员、送回宇航员和归还发射到外层空间的物体的协定》（简称《营救协定》）、1972 年的《关于空间物体所造成损害的国际责任公约》（简称《责任公约》）、1975 年的《关于登记射入外层空间物体的公约》（简称《登记公约》）、1979 年的《关于各国在月球及其他天体上活动的协定》（简称《月球协定》）及 2015 年的《美国空间资源勘探和利用法案》，这本书是我见过的、在 2017 年之前最全面介绍太空采矿领域技术和法律制度的书籍。正如本书序言中作者所言，它非常实用，更是稀缺资源。在本书出版之后，2017 年海牙外空资源治理工作组发布了《关于外空资源活动国际框架要素草案》、2019 年国际空间大学发布了《可持续月球活动研究》、2020 年美国签发了《美国 Artemis 战略协定》、2020 年国际月球村公布了《MVA 最佳实践 13 条》等文件。① 从近年来国际社会上这些报告推陈出新的频率我意识到，空间技术的快速发展也推动着空间政策和法律制度的持续创新。随着人类第二次月球探测活动高潮的来临，月球探测活动的战略目标已经从单纯的"科学发现"转为"科学发现与任务应用并重"，以实现月球资源长期可持续开发利用为标志的空间政策和法律制度的突破和创新势在必行，而且往往早于航天技术的工程实践。不夸张地说，当前美欧推动国际社会对外层空间法律制度的调整，是"牵一发而动全身"的大事儿，也必将影响到中国未来的航天工程实践。而真正做好这项工作，不仅需要政府主管部门的代表、国际政治及外交专家、空间法律专家、航天新系统的研发工程师，更需要商业界及教育界的代表共同商议，广泛听取利益相关方的意见，才能切实地提出维护好中国外空资源权益的法律提案。

从研究生抓起补齐空间法律意识缺失的短板。我除了是一名航天工程师外，业余时间还在中国空间技术研究院的神舟学院讲授"深空探测技术概论"研究生课程。在参与 MVA/GEGSLA 的工作过程中，我深刻地体会到向广大基层一线的航天工程师们进行"普法"的重要性。为了能让我国未来的航天工程师们不仅了解到月球资源开发和利用领域的技术进展，更能同步掌握相关的国际空间法的发展进程，我组织神舟学院 2020 届的共 29 位学生（含硕士及博士）翻译了本书，他们是雷子昂、安悦晗、高嘉轩、张超、张丛玺、周鹏、赵嘉睿、方杰、王

---

① （为方便读者系统掌握和了解，我们将后两项的全文内容补充列入到了附录 A 中。）

臻、姜添、陈祥贵、苏浩东、王浩、李宇喆、马卓娅、赵荷、冉欣、吴翔民、张风策、李春波、陈既东、李璇、姚鹏、陈洋、王忠伟、贾晓冬、崔世航、熊细坤、郭东芳等同学。我希望他们不仅能学习到深空探测工程技术的基础知识，更能在他们作为航天工程师的早期职业生涯阶段，在他们的心田中播种下空间法律意识的"种子"。只要这些年轻的航天工程师们，在未来的学习和工作中能自觉地去学习和掌握空间法，学会运用国际规则和法律制度保护好中国人的外空权益，那么我相信，中国航天人殚精竭虑并为之默默无私奉献的奋斗目标，建设航天强国、维护国家安全，终将如愿实现。

为了保证本书的翻译质量，特意邀请了中国空间技术研究院的任忠和陈旭同志分别从不同专业的视角完成了两轮校对工作，哈尔滨工业大学的姜生元教授和我完成了最后的审稿和定稿工作。此外，这项翻译出版工作也得到了北京空间机电研究所、哈尔滨工业大学、北京理工大学出版社等单位的领导和同志们的大力支持和帮助，在此一并致谢！

衷心祝愿，未来的中国航天不仅有硬实力，更有软实力，软硬两手都过硬。由于本书翻译人员都是航天工程专业技术人员，对空间法律部分的翻译难免存在疏漏和不足，还请读者朋友们提出宝贵的批评和指正意见，帮助我们共同进步。

果琳丽

2021 年 8 月

于北京唐家岭航天城

序　言

简而言之，《太空采矿及其监管规则》是一本简明扼要的书，作者在书中对地外空间资源的开采历史、技术挑战、目前现状以及未来发展的可能性进行了全面系统的论述。无论从广度、深度还是在非常容易理解的细节上来看，作者都认为太空采矿是人类利用太空的一种自然发展趋势。正如书中所说，准确无误的历史叙述和分析使得作者的观点和表达显得非常宝贵。因此，本书向制定空间资源开发和利用政策的负责人，以及在全球利益的背景下，遵循和打算实施这些政策和相关法律的负责人提供了很多关键信息。

因此，本书非常实用，甚至可以说是"稀有资源"，它不仅适用于地外空间资源开采相关空间法的日常从业者，也广泛适用于相关政策的制定者、项目计划者和实施者。在许多方面，本书的主题呈现出"有趣的简单"和"高度的专业"，这将吸引很多非专业技术领域读者的兴趣。作者对这个主题进行了很明确的阐述，针对地外空间资源在当前和长期的重要性，详细地论述了地外空间资源需要提出的问题和立场。例如，确切地说明了为什么需要开展太空采矿来应对目前和未来世界人口面临的挑战。

本书讨论的内容包括各种开采有价值的地外空间资源的目标地点和运输系统；用于开采地外天体资源使用的机器人系统；政府的活动及适用的政策在目前和未来资源开发的作用；私营公司的参与，主要是由美国新兴公司正寻求利用各种不同的空间及空间资源的可实现性；美国，苏联/俄罗斯在过去和现在探索和开采空间资源方面的活动，以及日本、中国、印度，还有欧洲、加拿大和其他一些位于西半球的国家的实践和规划活动。作者以现有的和潜在的国际和各种国家监管环境为背景，对所有这些活动都进行了探索，作者密切研究了与空间资源开发有关的现有和潜在的国际空间法。

通常情况下，采纳常规或其他现行的国内甚至是国际法的目的，仅仅是执行已经制定的、现有的或即将生效的基本政策。在以负责任的方式进行空间资源开采之前，必须对实现人类太空移民的基本哲学体系思想有个合理的解释。否则，对空间资源的分散的和不相干的开采将以一种可能无法挽回的消极方式影响移民。采矿必须以全球共享为目的，并以建设这一总体目标作为一项持续的指导原则进行。如果没有物种迁移和地外长期生存这一更长远的目标作为重要的激励因素，太空采矿的成本效应可能是令人望而却步的。本书的作者清楚仔细地、明确无误地表明，在使用地外空间资源方面缺乏迫切明确的政策，迫使传统的法律制定者和空间法律从业者承担了许多通常由政策制定者该承担的许多责任。为了紧迫的共同目标而将全人类聚集在一起，但却是知之甚少的目标，这是不断发展的文化、社会和文明在历史上所面临的最大挑战之一。作者以一种非常务实的方式将来自全球众多区域的人们聚集在一起，重点关注空间资源开采的细节，以使在太空和地球表面生活和工作的人类受益。

作者们已经在全球范围内确定了一些不同的初创、发展和已成立的公司，它们已有项目或专门的活动来探索可用的空间资源，并尽可能最大程度上经济合理地开发利用这些资源。除了描述这些公司的潜在开采目标外，还阐述了目前与太空有关的采矿法及对这些目标的适用性。另外，作者强调了存在的一些真实的问题，包括识别潜在可用空间资源对现行法律的适用性，以及不仅需要调整这些法律法规，还要解决潜在独特的法律需求，用于识别资源及其可用性。在这方面，随着空间资源开采快速地走向实际应用，所需的技术逐步变得清晰和可行，因此更加明确需要对外空资源开采和应用的活动建立起全面法理。

本书介绍了支持地外移民的当前和未来的基本政策和可用技术。一旦空间资源成功开采，就需要去学习如何利用空间资源进行空间居住，因此原位资源利用就显得特别关键。关于开采月球资源，作者敏锐地意识到需要知道开采资源的目的是什么，并尽可能彻底地了解相关知识。例如月球的起源和组成，应在何种情况下扩大采矿事业，可能会破坏的月球与地球的物理关系，以及与轨道上的栖息地如目前的国际空间站（International Space Station，ISS）的关系。书中所介绍的信息流是有序的、合乎逻辑的，在历史上是准确的，特别是关于已经存在和目前用于获取、运输和开采的空间资源的各种空间系统。同样，本书仔细地阐述了一旦成功开采，地外移民们学习如何利用空间资源所需的基本政策和技术，这些资源将用于空间居住和生产在地球内外可用的其他资源。

作者指出，在空间资源可用或即将可用的背景下，商业采矿新公司通过与现有公司的合作，如诺斯罗普·格鲁曼公司（Northrop Grumman）以及在过去15年左右诞生的商业航天公司，开始实现独特的崛起。这些公司主要依靠相对有限的启动资金和自下而上的决策，通过使用基于软件开发而不断创新的技术，从而正在和将要改变太空商业的运作方式。作者以一种启发性的并引人入胜的方式，阐述了这些新公司提出的问题和他们的管理风格。例如，以消费者为中心扁平化和更灵活的组织模式、创新精神，项目经理们自愿承担的风险。总的来说，这些公司的组织方式侧重于以新技术为导向来解决问题。

作者也记录了对所有新成立的太空采矿公司而言，都存在的一种管理上的激进急躁情绪，他们不断施压，以求快速前进。作者重点关注到这些新型商业和运营基础设施公司的主要源泉来自美国，充分反映出私营企业在解决空间资源开采应用方面的能力。此外，还展示出了一个惊人的发现，即目前的公司能够清楚地识别和开发具有"潜在可开采"价值的小行星和月球上的可用资源。

最后，作者大胆地探讨了国家、国际和全球社会应该如何应对不断变化的发展方式，包括各种利益、技术以及获取和利用空间资源的方法。除了通过独特的方法展现出了优秀而且非常具有可读性的获取和利用空间资源的历史外，作者还提出并解决了目前的最后一个问题，即"世界可能如何应对这些发展？"本书是一本引人入胜的读物，尤其是一本非常实用的著作。对空间法律律师和政策制定者们而言，可以很容易地获得准确和相关的信息，以促进他们各自的专业发展责任。

乔治·S. 罗宾逊 博士

（Dr. George S. Robinson）

前　言

　　本书被设计为一个"一站式购物"指南，以便于读者了解新兴的太空采矿领域，并试图提供一个对世界各国空间机构以及新兴商业航天企业的介绍，包括他们努力探索和开发太阳系中空间资源的过去、现在和未来的活动及计划，其中涵盖了月球、水星、金星、火星、木星及其卫星，以及小行星甚至彗星。本书介绍了多个国家或组织的探索和科学活动，包括美国、苏联/俄罗斯、欧洲、日本、中国、印度、加拿大和其他形式的国家空间机构。

　　本书还介绍了新的太空采矿企业的当前活动，包括行星资源公司（Planetary Resources）、深空工业公司（Deep Space Industries）、月球快递公司（Moon Express）和沙克尔顿能源公司（Shackleton Energy）。本书介绍了正在制定或将要制定的与太空采矿有关的国际和国家法律以及规章框架。特别注意有关涉及现有和正在发展的国际责任、产权和国家许可制度法律问题，以及对有意从事太空采矿的私人企业的适用性。

　　显然，在太空采矿从理想转变为现实之前，还需要应对和解决很多的技术、经济、法律和政策的挑战。本书试图为过去和现在的活动整理出有用的背景，同时也为未来的活动提供一个发展指南。

加拿大，蒙特利尔　拉姆·S. 雅各布（Ram S. Jakhu）

美国，弗吉尼亚州阿灵顿　约瑟夫·N. 佩尔顿（Joseph N. Pelton）

加拿大，亚的斯亚贝巴　亚乌·奥图·曼加塔·尼亚曼庞格
（Yaw Otu Mankata Nyampong）

致　谢

这本书是 2013 年由拉姆·S. 雅各布（Ram S. Jakhu）和亚乌·奥图·曼加塔·尼亚曼庞格（Yaw O. M. Nyampong）为加拿大航天局（Canadian Space Agency，CSA）进行的一项研究，在此基础上进行的扩展和更新后的版本。拥有原始研究版权的 CSA 已经授权并鼓励作者以他们的名义发表该研究。我们要感谢 CSA 的慷慨和支持。

我们感谢泰恩沃. 艾哈迈德（Tanveer Ahmed）帮助我们收集了这本书的一些章节的数据。国际空间大学前院长约瑟夫·N. 佩尔顿（Joseph N. Pelton）博士就空间采矿面临的技术挑战增加了相当多的新文本，并充分参与了原始研究的整理重写并提供更新后的材料。

然而，一如既往，尽管有上述宝贵的帮助和支持，作者仍然对本书中包含的任何错误全权负责。

作者简介

拉姆·S. 雅各布（Ram S. Jakhu）是加拿大蒙特利尔麦吉尔大学（McGill University）法学院航空和航天法律研究所所长，在该研究所教授和研究国际空间法、空间应用法、空间商业化法、政府对空间活动的监管规定、电信法和加拿大通信法以及国际公法。他管理和指导一个经费为数百万美元的空间法律和政策研究及推广项目。他是世界经济论坛空间理事会成员和研究员，以及国际空间安全促进协会法律和监管委员会主席。2007年，他因对空间法发展的重大贡献获得了国际空间法研究所颁发的"杰出服务奖"。2016年，国际空间安全促进协会授予他"达芬奇终身成就奖"。他是《航天条例图书馆丛书》的主编，也是《航空和航天法律年鉴》和《德国航空和航天法律杂志》的编辑委员会成员。1999年至2013年，他担任国际空间法研究所董事会成员。1999年至2004年，他担任麦吉尔大学受管制行业研究中心主任。1995年至1998年，他担任法国斯特拉斯堡国际空间大学（International Space University, Strasbourg, ISU, France）硕士项目首席主任。他是一位著作等身的作家，也是一本关于国家空间活动管理的获奖图书的编辑。他获得的学位包括潘贾布大学（Panjab University）的国际法学士、法学学士和法学硕士；麦吉尔大学航空航天法法学硕士和外层空间与电信法民法学博士（在院长荣誉名单上）。

约瑟夫·N. 佩尔顿（Joseph N. Pelton）博士是国际空间大学前董事会主席、副校长和院长，也是美国乔治·华

励顿大学空间与高级通信研究所名誉所长。他是国际空间安全促进协会执行委员会成员和国际空间安全基金会前主席。佩尔顿博士还在 1998 年至 2005 年间担任乔治华盛顿大学电信和计算机加速科学硕士项目的主任。佩尔顿博士是亚瑟·C. 克拉克基金会的创始人，并在董事会任职数十年。他还是国际卫星专业协会（Society of Satellite Professional International，SSPI）的创始主席和 SSPI 名人堂成员。

佩尔顿博士是一位著作等身和屡次获奖的作家，与同事合作或合著了 40 多本书。他的《全球对话》一书获得了普利策奖提名，并获得了尤金·埃米文学奖。佩尔顿博士是国际宇航科学院的正式成员、美国航空航天协会（American Institute of Aeronautics and Astronauties，AIAA）的助理研究员和国际空间安全促进协会的研究员。他获得的学位如下：塔尔萨大学学士、纽约大学硕士、乔治城大学博士。

亚乌·奥图·曼加塔·尼亚曼庞格（Yaw O. M. Nyampong），现任埃赛俄比亚亚的斯亚贝马非洲联盟委员会泛非大学高级法律官。他还担任加拿大蒙特利尔麦吉尔大学航空和航天法律研究所的执行主任（学术助理）。2010 年至 2013 年，他在法学院从事博士后研究，主要研究空间探索和利用的环境问题，特别是如何解决空间碎片问题。除了学术成就和研究经验外，尼亚曼庞格博士在航空和航天法律领域拥有广泛的实践经验，曾担任国际民用航空组织和世界银行集团航空法相关任务的国际顾问。尼亚曼庞格博士参加了世界各地的许多航空和航天法律讲习班和会议并发表了演讲，就该领域的当代相关问题撰写和出版了几篇学术文章和书籍章节。

他拥有加拿大蒙特利尔吉麦尔大学航空和航天法律研究所的航空和空间法专业的民法学博士学位和法学硕士学位。他还拥有加纳法学院的专业法律资格证书（2000 年）和加纳大学法律系的法律学士学位（法律学士）（1998 年）。他是加纳律师协会和上加拿大（安大略省）律师协会的优秀会员。

目　　录

第 1 章

概　论

1.1　引言

本书探讨了令人兴奋的开采空间资源的可能性，还审查了适用于这项创新性工作的国际和国内法律监管流程。近 50 年来——从 1957 年 10 月空间时代开始——空间技术已经有了实际应用。目前，我们有许多通过宇航员和机器人探索太空的任务，以及了解宇宙的化学、物理和运行的科学研究项目；但从实用角度看，我们还有应用卫星。正是应用卫星提供了太空中的各种工具和辅助机械服务。事实上，伽利略发现了环绕木星的卫星，并起名为"satelles"，这在古拉丁语中是"仆人"的意思。他之所以选择这个名字，是因为他预见到这些卫星将按照巨行星木星的指令运行[1]。

目前，卫星的实际用途越来越多。首先是通信卫星（现在包括广播卫星、移动通信卫星、搜救和数据中继卫星等），在第一颗通信卫星部署后不久，相继出现了遥感卫星、气象卫星、导航和授时卫星。可能很快就会有具有维修和补给功能的机器人卫星、太阳能电站卫星，以及日益复杂的用于各种国防和安全工作的卫星。

---

[1]　Joseph N. Pelton 和 Scott Madry，第 6 章，Joseph N. Pelton 和 Angelina Bukley 提出的 "卫星服务人类"，《最遥远的海岸》，2010 年，伯灵顿，加拿大。

然而，一些全新的空间应用领域即将来临。下一个主要的商业空间应用可能会重塑空间活动的未来，包括大部分的地外世界活动。这将是一次从太空中获取自然资源的认真尝试，简单地说，就是太空采矿。一些从事这项活动的人设想在太空中加工材料，甚至完成太空制造。

■ 1.2　新航天工业和太空采矿项目

空间应用和空间运输领域见证了"新航天"一词的逐步发展，特别是在美国。自 20 世纪 80 年代以来，这个术语一直用于航天工业，包括轨道科学公司（Orbital ATK）和太空舱公司（SpaceHab），那时有一些新的企业家参与到航天工业领域。这个领域近期的转变发生在互联网繁荣之后，当时出现了互联网技术和一批富有的企业家，如保罗·艾伦（Paul Allen），杰夫·贝索斯（Jeff Bezos）、罗伯特·毕格罗（Robert Bigelow）、埃隆·马斯克（Elon Musk）等"太空亿万富翁"，他们创建了新的商业航天公司，与老牌航天巨头竞争，开拓新的太空市场（图 1.1）。

（a）　　　　　　　　　　　（b）　　　　　　　　　　　（c）

图 1.1　一些太空亿万富翁正在引领当前的新太空革命

（a）罗伯特·毕格罗（Robert Bigelow）；（b）杰夫·贝佐斯（Jeff Bezos）；（c）保罗·艾伦（Paul Allen）

"新航天"工业的出现已经推动了空天飞机、太空旅游业，以及用于进入国际空间站的低成本商用飞行器和空间服务机器人系统的发展。未来十年的问题是，"新航天"的探索能否成功地推出商业上可行的太空采矿公司。当然，商业模式只是问题之一，技术、管理框架和其他因素可能决定最终结果。

正如金牛座集团一篇关于"新航天"工业的论文所述：这些公司相信，基于软件开发经验的取消等级制度，为实现自下而上的决策而制定的方案以及渐进的技术开发模型，将改变航天商务范式①。特别是在过去的 15 年里，出现了许多新的商业航天公司。在美国发起的 XPrize 竞赛和一些富有创业精神的航天企业家的大力推动下，商业航天工业得到了快速发展。他们认为创造全新的空间技术和企业的挑战令人兴奋，对个人也有回报。Space X 公司、Scaled Composites 公司、Virgin Galatic 公司、Sierra Nevada 公司、XPrize 公司和许多其他新的航天企业已经真正改变了当今航天工业的格局。在美国这些新兴公司和他们对空间的现代创业方法，使"新航天"这个词变得突出，这通常是旨在通过太空竞赛将新兴商业航天企业从传统航天工业结构和范式中区分出来。金牛座集团在对这一现象的分析提到，"新航天"公司的典型特征包括以下几点：

（1）更平坦和灵活的组织机构；

（2）以消费者为中心的，创新的，愿意承担风险的机构；

（3）关注新技术解决方案的机构②。

"新航天"公司的显著崛起与这本书特别相关，因为少数已经成立的从事太空采矿的公司现在正计划从太空获取自然资源，显然都是新的航天企业。这些公司继续发展下去可能会与传统和成熟的航空航天公司签订合同，并在他们的风险投资中涉及这些公司——就像深空工业公司（Deep Space Industries）与诺斯罗普·格鲁曼公司签订工程和设计研究合同一样。但是，迄今为止，在太空采矿尝试中处于领先地位的是那些规模小、灵活、敢于冒险、不走寻常路的公司。这些公司将在后面的章节中会描述到，它们确实是小而灵活的组织，倾向于采取风险技术及关注全新的空间技术，适度的资本化，并不遵守限制性规定和法律的约束，这是由于快速发展的欲望而造成的。

对于美国以外的航天大国，情况有很大程度上的不同。在世界的其他地方，通常是由政府支持和资助的空间机构进行相关的技术开发，并支持可能导致未来

---

① Jason Hay[*]，Paul Guthrie，Carie Mullins，Elaine Gresham[§] 和 Carissa Christensen[*] 全球航天工业：完善"新太空"的定义 http://enu. kz/repository/2009/AIAA - 2009 - 6400. pdf

② 出处同①。

空间探索地外自然资源开采的研究工作。然而，有迹象表明，有关新"新航天"活动的倡议逐渐开始在世界各地蔓延。第6章至第9章讨论了未来可能会进行的太空采矿等相关活动的现状。

1.3 太空中有哪些自然资源？它们在哪里？

很多小行星都有很高的金属含量，其中一些含有贵金属和稀土矿物。据一家新兴太空采矿公司估计，仅一颗小行星的资源含量价值就接近2 000亿美元。其他的小行星和月球上都有水，而月球上不仅有水，还有一种称为氦－3（He³）的高价值的同位素，可以用作核聚变反应堆的燃料。这家新兴太空采矿公司已经把在月球上开采氦－3作为其主要目标之一。

小行星采矿的问题在于，有太多不同的候选行星。事实上，有些术语可能会有点令人困惑。首先，近地天体（Near Earth objects，NEO）有时也称为近地小行星（Near Earth Asteroid，NEA），即距离地球轨道0.03个天文单位或450万公里以内。这些近地天体也称为PHAs（Potentially Hazardous Asteroids），即潜在危险的小行星。彗星也是有潜在危险的物体，可能会飞近地球。但是，它们在太阳系内部的速度非常快，不适合进行太空采矿，而且由于它们的速度更高，因此比小行星危险得多。

在本书中会有关于NEO、NEA和PHA的对比，但是它们在本质上是相同的。那些对太空采矿感兴趣的人将跟踪这些NEO，NEA和PHA的轨道上的天体作为候选目标。空间科学家、天文学家和其他关注宇宙危险和行星防御的人对这些小行星感兴趣是为了防止一场大灾难，因为这些太空岩石撞击地球会造成（实际上已经造成）重大破坏[1]。

人们正在共同努力记录着近地天体的轨道，这些近地天体对地球既是威胁又是恩惠。美国国家航空航天局（NASA）、意大利的安全保卫基金会以及现在的联

———————

[1] Joseph N. Pelton 和 FiroozAlidadi，第1章：介绍，《宇宙危险与行星防御手册》，（2015）纽约施普林格出版社。

合国国际小行星预警网络（International Asteroid Warning Network，IAWN）都参与了这项工作。事实上，发现适合太空采矿的目标并不是一件容易事。确切地说，有数百万个近地天体，要找到它们，对它们的轨道进行分类，评估它们的矿物含量，并确定它们是否容易接近和开采，确实是一项非常艰巨的工作。美国国会委托 NASA 定位了所有直径大于 140 米或更大直径的潜在危险小行星。① 尽管 NASA 使用了非常有效的在轨资源和大量的地面天文台，但在十多年的时间里仍未能完成这项任务。直径大于 140 米的近地天体有数万个，直径大于 30 米的可能有 100 万个，直径大于 10 米以上的可能有数千万个。由 B612 基金会资助的"哨兵"项目近地天体广域探测卫星 NEOWISE（Near Earth Obfect Wide - range Sunegor Explorer），NASA 近地轨道红外望远镜 NEOCAM（Near Earth Orbit Comer aspacecrate），再加上具备轨道优化计算分析能力的地面天文台，都可以对近地小行星的数据编目做出贡献。这些目标天体中有很多可能被证明是可以开采的。但是，可能只有小型空间探测器才能确定可用于太空采矿的候选对象的大小、特征和化学成分，而现在在轨道上或计划在今后几年内部署的卫星都无法实现这个功能。目前，行星资源公司（Planetary Resources Inc.）和深空工业公司（Deep Space Industries）都计划部署这类空间探测器，以寻找太空采矿的主要候选对象。

■ 1.4　采矿技术

本书包含两章关于研究探索小行星采矿所需要的一些关键技术，这些技术包括更具成本效益的空间运输系统、精确导航、可远程操作的能源系统和各种用于执行空间采矿和获取自然资源有关的特殊作业机器人。此外，一些新兴企业正在寻求开发新的、更具成本效益的方法，例如用微纳卫星探测器进行远程监视。

这些方法和其他非传统方法将在回顾美国倡议的章节中简要讨论。目前，一些拟采用的创新技术办法正在构想中，某些内容甚至正在拟订中。图 1.2 显示了

---

① 2005 年《NASA 授权法案》（公法第 109 - 155 号）第 321 条，也称为 George E. Brown《近地物体调查法案》，neo. jpl. nasa. gov/neo/report2007. htm.

"萤火虫（Fire Fly）"纳米卫星的概念，它可以获得近地天体的近距离图像，以确定它们是否适合进行自然资源开采。

图1.2　深空工业公司用于执行探测任务的"萤火虫"纳米卫星概念图

（插图由深空工业公司提供）

■ 1.5　新航天和关键的参与者

目前，只有少数几个明确地以从事太空采矿活动为目标的参与者组织起来了。它们是行星资源公司、深空工业公司和沙克尔顿能源公司。但是，除了这些商业公司之外，还有许多其他组织正在开发与最终获得太空采矿成功相关的技术和系统，涉及商业运输系统、精确定位导航、空间机器人操作和空间能源系统。此外，还有许多空间机构以及私人基金会（B612基金会和保障基金会）、地基天文台、大学和研究机构发挥着重要作用，它们对太空采矿活动的发展具有相当宝贵的价值。

■ 1.6　法律监管的环境：现在和未来

有一些国际条约、公约和准则与未来进行太空采矿作业的尝试有关，最密切相关的包括以下内容，其标题全称如下①。

（1）《关于各国探索和利用包括月球和其他天体在内的外层空间活动的原则条约》（1967 年 10 月 10 日；该条约简称为《外空条约》（Outer Space Treaty, OST））。

（2）《空间物体造成损害的国际责任公约》（1973 年 10 月 9 日；该条约简称为《责任公约》）。

（3）《关于登记射入到外层空间物体的公约》（1976 年 9 月 15 日；该条约简称为《登记公约》）。

（4）《及早通报核事故公约》（1986 年 10 月 27 日；该条约简称为《通知公约》）。

（5）《核事故或辐射紧急情况援助公约》（1987 年 2 月 26 日；该公约简称为《营救协定》）。

（6）《太空中使用核动力能源的原则》。

以上内容和其他条约，包括为制定国际法以及所谓的"软法"和"透明度及建立信任措施"领域所作的努力将在后面各章中讨论。讨论的部分内容包括：特殊的国际规则和条约是否适用于月球和其他"天体"，以及这些数目庞大的宇宙天体是否不同于小行星和太空岩石。

然而，除了这一基本问题之外，还有一些关于发射物体的登记和许可，空间核动力能源和同位素的使用及相关责任的考虑，以及任何政府或商业实体如果要继续进行太空采矿作业都需要遵守的考虑因素。

本书中的讨论并不是要对有关外层空间条约、公约和规则作明确的界定，但这种分析确实可能解决最重要和突出的国际法律和政策问题。本书力求阐明主要问题，指出联合国和平利用外层空间委员会（Committee on the Peaceful Uses of Outer Space，COPUOS）或已开始审议这些问题在其他有关论坛中现行的国际规定和相关未决定的建议。

---

① Gary L. Bennett，《在太空中使用核动力能源的建议原则》，http://fas. org/nuke/space/propprin. pdf.

1.7　更长远的观点

几乎所有制定新的法律、公约，特别是国际条约的机构都倾向于："让我们等到有明确的问题要解决时，然后我们再去解决。"例如大气和海洋污染、气候变化、轨道空间碎片、雨林破坏等有关的主要问题就是典型案例。这些问题现在都是有争议的重大问题，事实证明，要想对这些问题作出有效的国际应对是非常困难和代价昂贵的。随着时间的推移，这些问题可能会变得愈发严峻。改善措施可能会对工业部门甚至政府规划带来巨大的限制。可以施加严厉的经济处罚、罚款或使用限制来遏制这些问题。如果这些问题在几十年前得到解决，经济和政治成本可以大大降低。尽管像地球轨道上的轨道碎片这类问题已经失去了解决的机会，但是人们还是希望可以制定出关于太空采矿的积极合理的规则与条例，从而在避免未来的危险以及负面影响的同时，实现太空采矿的经济效益甚至是社会效益。

亚瑟·查尔斯·克拉克在他的小说《与拉玛相会》中预测了一颗流浪的小行星未来可能对地球造成灾难性撞击的危险。这部小说的背景设定为2077年，针对小行星的撞击，他提到了建立一个全球的"保卫计划"[1]。2013年12月，联合国同意建立国际小行星预警网络（International Asteroid Warning Network，IAWN）以及空间任务规划咨询小组（Space Mission Planning Advisory Group，SMPAG）[2]。在宇航员、天体物理学家以及联合国和平利用外层空间委员会第14小组成员的大力游说下，联合国受理了这个问题，比克拉克在他的科幻小说中的计划提前了64年。在空间探索和应用这样一个具有前瞻性的领域，如果我们能够预见太空采矿活动可能出现的问题，并且主动寻求解决问题的方法，而不是采取常规的方法，在事后处理这些问题，那么未来将会是充满希望的。

看起来十分谨慎的是，联合国和平利用外层空间委员会（COPOUS）及其空

---

① 《与拉玛相会》http://www.goodreads.com/book/show/112,537. Rendezvous_with_Rama.

② 伦纳德·大卫，《应对小行星威胁：联合国完成第一阶段计划》，Space. com网站，http://www.space.com/28,755 – dan – gerous – asteroids – united – nations – team. html（访问日期：2015年8月22日）

间活动长期可持续性（Long Term Sustainability，LTS）工作小组试图制定切实可行的安全准则，用于避免对地球造成危险，允许进行太空开采，同时尽量减少对未来环境的污染或其他性质的问题。安全世界基金会（Secure Word Foundation，SWF）、国际空间安全促进协会（International Association for the Advancement of Space Safety，IAASS）等空间机构举行的有组织的会议，针对有用的指导方针和流程提供建议和咨询意见，以帮助每个参与到这类活动中的人都可以有效地遵循这些指导方针和流程。

虽然本书看起来很新奇，甚至很有异国情调，但它确实通过科幻作家的视角展望了未来，在那里，太空殖民地、太空采矿、地外天体建筑和制造业，从而看到未来的问题以及可以预测的解决方案，便于现在就采取行动来预测和避免未来的问题。

1.8　本书的结构和目的

本书虽然表述简短，但力求全面覆盖。因此，本书研究了如果太空采矿企业想要真正成功地创建一个可行的"新航天"企业，那么需要开发和可靠地使用哪些种类的技术。本书还分析了在未来的太空采矿作业之前的各种相关的政府和商业计划，这些计划现在都在实施。考察范围覆盖了美国、欧洲、加拿大、澳大利亚、亚洲（中国、日本和印度）、俄罗斯以及世界其他地区。目前，虽然美国的活动最多，但世界其他地区也都在大力开发新的空间运输系统和核心技术。如果以美国为基础的太空采矿活动取得了显著进展，很显然，世界各地都会紧随其后提出新方案。对世界各地空间活动的分析不仅要考虑到技术、业务、商业、经济和金融等方面的能力和机会，还要考虑到相关的法律和政策体系的问题。

本书将审查现有的国际条约、公约和其他"软法律"或"行为准则"，这些文书可能适用于今后的太空采矿相关的活动。由于太空采矿问题是一个重要的关于"度"的问题，因此这个问题变得复杂了。如果一个人去月球进行采矿活动，那么这项活动似乎已经明确地包含在《外层空间条约》和《月球协定》的范围内。另外，每天有成吨的"太空尘埃"落到地球上。人们不会认为有组织地努力获取这一资源属于太空采矿的范畴。简而言之，太空采矿问题的困难之一似乎是考虑多大的近地天体才算是合理的"天体"，才可能受到某种国际监管规则的约束，以及多大的物体才算得上是"太空垃圾"。

除此之外，还有关于小行星撞击危险和行星防御的其他问题：一方面，近地天体可能被认为是进行太空采矿的候选对象；另一方面，它们也可能是对地球的潜在危险。因此，那些提议进行太空采矿的国家可能会危及世界，也可能拯救世界免受致命撞击。这是一个与谁"拥有"近地天体完全不同的政策与监管问题，这个问题变成了谁可能被允许参与到"保护"行动中。

因此，本书的目标是首先研究世界各地从事空间资源识别和自然资源开采的技术、各种初步尝试，然后探讨围绕这些尝试的法律和法规的问题。

作为实用参考书，本书附录 A 还提供了与从外层空间获取自然资源有关的关键法律、法规和官方政策材料。此外，本书的附录 B 列出了词汇表，解释了缩略语、关键术语和短语。

第**2**章

空间自然资源的重要性和主要挑战

地球是一个 6×10^{21} 吨的球体，包含着丰富的资源。这些自然资源可以从大气、海洋和地面中提取。如果以明智并且可持续的方式使用这些资源，那么它们应该能够被循环再利用，即重复使用。然而，随着全球人口从 1 800 年的 8 亿人增长到 1 900 年的 18 亿人，到 2 000 年的 63 亿人，再到今天的 70 亿人，交通和能源对化石燃料的需求大幅增加，同时对各种金属和其他稀土材料的需求也大量增加。现代文明拥有着复杂的基础设施、迅速增长的人口和激增的城市综合体，在 30 年内将容纳 70% 的人类，因此需要进行重大的改造，来适应 21 世纪的现状。我们所在的世界是一个由约 100 个人口超过 1 000 万人的特大城市组成的世界，存在气候变化、重大环境变化和自然资源需求激增等发展趋势，因此我们目前所知道的世界将不得不发生重大变化，否则它将不再是可持续的[①]。

到 22 世纪时将会发生的一些最重要的变化如下：

（1）人口稳定。18 世纪、19 世纪和 20 世纪的人口呈指数增长，这一特征很可能会让位于 21 世纪 100 亿～120 亿人口的零增长。即使在这个水平上，对自然资源、气候变化问题以及粮食和能源的需求也将是一个挑战。在能源、粮食和自然资源限制范围内的持续增长是不可持续的。这个 70% 或更高城市化比例的新

---

① 约瑟夫·N. 佩尔顿和彼得·马歇尔，《大危机：面对 21 世纪挑战的十大生存策略 (2010)》，太平洋海事协会 (PMA)，伦敦，英国。

世界将更容易受到关键基础设施损失的影响①。

（2）转向可持续能源。21 世纪的能源系统将不再使用化石燃料，将逐步转向以太阳能、风能、地热、水力、潮汐和核聚变为基础的能源系统。在这一转变的过程中，尝试实现电力供应的多元化可以提高城镇的可持续性和生存能力。

（3）气候变化稳定。人们将会付出更多的努力去稳定地球气候，减缓自然和人为原因造成的气候变化。在未来的几十年里，人们可能会认识到，需要天基的解决方案来提供最终答案——如地日拉格朗日 1 号点的天基护盾、天基热管或其他大型工程项目（均指论证中的项目）。这不仅是一个人类避免大规模灭绝的问题，而且也是一个保护各种动物和植物生命的问题。

（4）城市化的新模式和新形式。过去两个世纪，全球城市化模式发生了巨大变化。在不到 200 年的时间里，城市人口比例将从不足 5% 上升到超过 70%。这一变化首先是由工作和就业推动的。随着光学、电子计算机和电信网络、超级自动化和机器人技术的快速发展，服务经济时代的来临，目前的超级城市化模式已不再必要，而且就人口过度集中而言，确实是危险的。城市化的模式将发生越来越多的变化。面向 21 世纪，电信、网络、能源和交通系统的新"元城市"将有助于缓解人口超过 1 000 万以上的特大城市的压力，而远程办公将有助于缓解超级城市化和人口过度集中带来的问题②。

（5）行星防御空间系统。在未来几十年里，行星防御将从威胁探测转向威胁防护。空间技术的发展可以减轻多种威胁，例如来自太阳风暴、减弱的地磁层、具有潜在危险的小行星和彗星，甚至来自失控的空间碎片，最终空间计划和空间系统将不再被视为奢侈品，而是保护人类免遭大规模灭绝的必备能力。为太空采矿而开发的能力将会为实现有效的行星防御提供重要技术，并为未来经济社会的发展提供重要资源。

（6）地球自然资源的枯竭和新的地外经济。美国前国务卿约翰·海伊（John

---

① 印度辛格和约瑟夫·N. 佩尔顿，《安全城市：在危险的世界里自由生活（2013）》，《绿宝石星球》（The Emerald Planet），华盛顿特区，第 193 – 198 页。

② 同①，第 215 – 233 页。

Hay）曾经说过一句名言："地中海代表过去，大西洋代表现在，太平洋代表未来[①]。"随着时间的推移，全球经济的扩张使得这一预测成为现实。很快，中国、印度、印度尼西亚、日本以及更小的一些国家和地区，包括新加坡、中国台湾、韩国、泰国等，这些国家和地区的经济将超过美国和欧洲。随着这些发展中国家和地区的经济日益繁荣以及对自然资源的需求持续增长，自然资源的可获得性将成为日益严重的问题。展望未来，不妨考虑雷·库兹韦尔（Ray Kurzueil）的预测和他对即将到来的"奇点"的预测[②]，或者考虑一下彼得·戴曼迪斯（Peter Diamandis）对未来的预测，未来的发展将会越来越依赖于空间经济。据估计，富含铂的小行星的价值为 2 000 ~ 1 万亿美元。当然，未来我们的能源依旧需要依靠太阳。但随着天基能力的不断增强和进入太空的成本不断降低，空间经济的实现将逐年都变得更加现实[③]。

■ 2.1　衡量未来

人们往往从"后视镜"里看到未来。在数百万年的生物进化过程中，过去常常是未来的序幕。随着科技、计算机和通信网络、人工智能、机器人技术以及进入太空的能力的出现，人类文明的变化率呈指数级增长。在图 2.1 中，"超级月"图形将从南方猿人时代开始的时间压缩为 30 天阶段，每秒钟代表 2 年。在超级月时间中，农耕时代和永久定居时代代表一个月最后一天的最后 1.5 小时，文艺复兴时期是最后 4 分钟，工业时代是午夜前 2 分钟。计算机时代、手机时代、电视时代、生物工程时代、大城市时代、航天发射时代，所有我们认为理所当然的现代生活元素，只代表了"超级月"时间的最后 20 秒。图 2.1 表明，根据过去的经验去判断未来的社会需求是一个有着严重缺陷的概念。人类文明未来

---

① 约翰·海伊引用太平洋是未来的海洋 https://books. google. com/books? id = 5P9bgGxfYKUC&pg = PA118&lpg = PA118&dq = John + Hay + quote + on + Pacific + ocean&source = bl&ots = 8Tb4vBEDMm&sig = k6wOGDKzmnb3DHqVonBrhSE9AVA&hl = en&sa = X&ved = 0CDMQ6AEwA2oVChMI35rYq8q_xwIVU4MNCh1YgAjL #v = onepage&q = John%20Hay%20quote%20on%20Pacific%20ocean&f = false
② 雷·库兹韦尔，《如何创造心灵（2012）》，企鹅集团，伦敦，英国。
③ 彼得·戴曼迪斯，《富足：未来比你想象的要好（2012）》，自由出版社，纽约，英国。

在能源、住房、交通、水、自然资源、工作和就业以及安全等方面的需求与以往任何时候都截然不同。例如，有人形象地指出，摩西（Moses）来到拿破仑（Napolen）和托马斯·杰斐逊（Thrnos Jefferson）时代生活，比生活在 18 世纪的人来到如今技术先进的世界生活要容易得多。

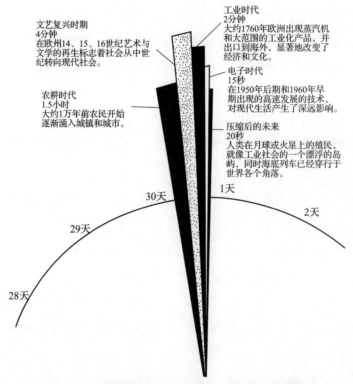

图 2.1　压缩的未来和加速的创新（插图由作者提供）

当彼得·戴曼迪斯（Peter Diamandis）谈到"富足"和雷·库兹韦尔（Ray Kurzweil）谈到"奇点"时，他们暗示了一个与我们以前经历过的截然不同的世界。他们设想了这样一个世界，在这个世界上，我们与机器人和谐相处，机器人和人类一样聪明，拥有复杂的"思考"技能，空间探测器可以从太空为我们带来新的资源和清洁能源，还可以保护我们的关键基础设施免受宇宙射线的危害。

2.2　处理规模和复杂性问题

　　整个世界的陆地面积为 1. 489 4 亿平方公里（或 575. 6 万平方英里），水域面积为 3. 613 2 亿平方公里（或 1 394. 34 万平方英里）。当把南极洲的大部分地区、北极北部、西伯利亚、最危险的山脉和最干旱的沙漠地区都刨除后，发现仅有 1/2 的陆地是真正适合常年居住的。海平面上升将进一步减少可用的陆地面积。当我们把约 7 500 万平方公里除以 100 亿人（等于约 133 人/平方公里）时，就会意识到，全球人口的增长、土地面积的缩小以及多种自然资源的枯竭，尤其是饮用水将是一个日益严重的问题[①]。图 2. 2 显示了世界饮用水量与地球总水量的对比。这张图帮助我们认识到，与不断增长的全球人口相比，今天真正可获得的饮用水数量是多么的少。图 2. 2 强调了随着全球人口持续增长，继续提供关键资源，尤其是向主要城市中心提供关键资源会有多困难的问题。

图 2.2　地球可利用水量的体积与我们的世界体积的对比

（插图由 Sierra 俱乐部提供）

---

　　① 《世界概况》https：//www. google. com/search？ sourceid ＝ navclient&ie ＝ UTF8&rlz ＝ 1T4VSND _ enUS583US595&q ＝ What ＋ is ＋ the ＋ Land ＋ area ＋ for ＋ the ＋ world％3f(访问日期：2015 年 8 月 24 日)。

这不仅仅是一个维持人类对水和自然资源需求的问题，也是一个维持濒危动植物物种的问题。联合国曾做过一项分析，显示了自 1 800 年以来物种的消失，对未来的预测显示出了一个非常令人不安的趋势①。

由美国地质调查局提供的图 2.3 显示了近代以来全球人类人口的快速增长与物种灭绝速度的不断加快之间的关系。

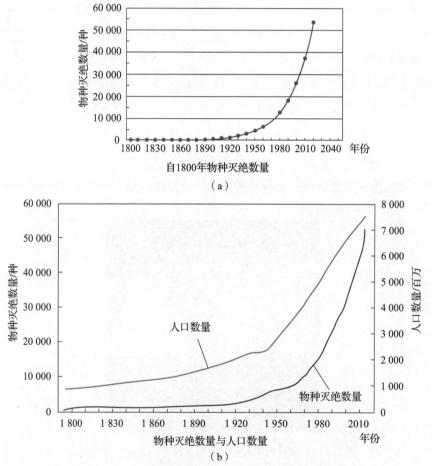

（a）

（b）

图 2.3　物种灭绝程度的上升与人类人口增长的关系

（插图由美国地质调查局提供）

---

① Gail Tverberg，"看看最新的联合国"，对自然资源消耗的预测。http://oilprice. com/Energy/Energy - General/A - Look - At - The - Latest - United - Nations - PredictionsOn - Natural - Resource - Consumption. html.

在对未来资源稀缺情况的研究中，未来石油和水的可用性最常被提及，但更广泛的研究表明，到 21 世纪中叶，世界将会出现更多的短缺。一项详细的全球不可再生自然资源（Nonrenewal Natural Resources，NNR）研究得出以下结论，如图 2.1 所示①。虽然这些结论可能会因经济衰退或好转而有所不同，但显而易见总体趋势是短缺将进一步加剧。中国、印度、印度尼西亚和其他新兴工业化国家人口的持续增长表明，到 21 世纪中叶，消费者对产品和能源的需求将增加 3 倍。只有可重复利用的资源和新能源才能满足这一迅速增长的需求。许多研究这个问题的人都把如何满足对自然资源的需求作为一个问题。图 2.4 和图 2.5 中更详细地介绍了对未来不可再生自然资源短缺的预测，这无疑是值得关注的。正如克里斯·克鲁格斯顿（Chris Clugston）对这个问题的详细分析所得出的结论："随着全球经济活动水平、经济增长率和相应的不可再生自然资源需求恢复到衰退前的水平，全球非再生自然资源的供应水平继续接近并达到其地质能力的极限，全球非再生自然资源的短缺将在未来加剧。"

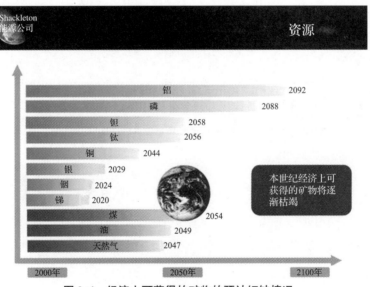

图 2.4　经济上可获得的矿物的预计短缺情况

（插图由 Shackleton Energy 公司提供）（书后附彩插）

① Chris Clugston，《日益加剧的全球不可再生自然资源稀缺性分析》。http://www. resilience. org/stories/ 2010 – 04 – 06/increasing – global – nonrenewablenatural – resource – scarcity% E2% 80 % 94 – analysis.

经济衰退前（2000—2008年）全球NNR短缺总结

极度稀缺 （6种）	非常稀缺（21种）	适度稀缺 （22种）	略微稀缺 （1种）	不稀缺 （7种）
溴 金 汞 钽 碲 铊	铝 铝土矿 镉 水泥 铪 铜 萤石 镁化合物 钼 天然气 镍 氮（氨） 油 磷矿 碳酸钾 蕾姆 铼 硒 锶 硫磺 钨	锑 铍 铋 煤 钴 镓 锗 石墨 石膏 烟 铁矿石 铅 石灰 锰 盐 硅 银 纯碱 锡 钒 锌 锆	铂族金属	砷 重晶石 硼 钻石 石榴石 锂 铌

图2.5　对达到地质能力极限的不可再生自然资源的分析（表格来自 Chris Clugston 题为 "Increasing Global Nonrenewable Natural Resources – An Analysis" 的文章中的信息，《The Oil Drum》，2010 年 4 月 6 日）

然而，太空采矿的前景可以提供新的选择。一颗富含铂的中等大小的近地小行星，其形状约为球形，直径为 30 米，体积为 4 500 立方米，质量可能为 5 000 吨。如果假设这颗小行星含有 50 % 的铂，那么它在当前世界市场上的价值约为 900 亿美元。即使小行星捕获任务和再融资成本达到 50 亿美元，而且部分收益被用于某种全球共同发展或生态基金，仅仅一次这样的任务就能产生数十亿美元的利润。这可能是一个极端的例子，但是有超过 100 万个直径大约 30 米的 PHA。推动太空采矿任务实施的早期关键是确定高价值的目标。

一个直径 50 米的 PHA 在体积上要比直径 30 米的 PHA 大 4.6 倍以上，如果它含有贵金属或稀土材料，如铱、铑、钌、钯或锇，将会非常有价值。相比之下，对自然资源价值较低的 PHA 而言，经济效益会差很多。一颗镍和钼含量为 70%，直径为 50 米的小行星，根据目前钼 13 000 美元/吨和镍 10 000 美元/吨的市场价格，其市场价值约为 2 亿美元。这种低得多的估值要求未来更长期的太空采矿运输设备必须重复使用，这也意味着太阳能和电推进系统需被再次使用。

必须指出的是，太空采矿活动至少在开采稀有金属方面具有成本效益，但值得注意的是，即使是太空中的氢气、氧气、水或其他挥发性物质也可能具有价值。行星资源公司网站称，"在轨道上，航天器推进剂是一个价值数十亿美元的产业，每 1 磅（1 磅 = 0.454 千克）推进剂的价值比地球上 1 磅黄金的价值还要高。某些小行星上含有氢气和氧气，这是火箭推进剂的化学组成成分。从能量上看这些小行星所能提供的推进剂比地球轨道所需大 100 倍，因此比当今使用"阿波罗"时代"随身携带"推进剂要便宜很多[①]。

另外，太空采矿业也可以帮助生产和完善新技术，这些技术可以帮助其他类型的空间飞行任务，或者创造出在地球上可有效实现的创新。太空采矿活动将寻求开发新的和更具成本效益的机器人任务、先进的空间导航和精确操纵系统、改进的空间态势感知系统、较低成本的卫星制造技术以及改进的能源系统，包括更高效的太阳能电池和量子点技术。

当然，最重要的贡献很可能是更低成本的空间运输系统，如太阳能电力推进系统。如果能够开发出基本上可重复使用的多用途运输系统，就可以利用这些系统将具有成本效益的太阳能电站送入轨道。

同样，如果太空采矿企业能够研制出低成本的卫星，通过 3D 打印技术以较低的成本大批量生产，如行星资源公司目前正在研发的卫星，这将是相当重要的。这类技术还可应用于卫星通信、卫星导航、遥感星座和其他空间任务。显然，研制低成本的遥感和空间探测卫星是目前太空采矿企业的首要任务，图 2.6 显示了行星资源公司与三维（3D）系统公司目前正在联合研发的小型卫星原型样机。

---

① Planetary Resources，概述，http://www.planetaryresources.com/company/overview/ #why – asteroids（访问日期：2015 年 8 月 24 日）

这种 Arkyd300 卫星总体构型是通过其高效的环形结构来贮存推进剂，并为卫星提供承力结构。当然，该卫星可以通过 3D 打印"制造"，大大降低生产成本。在美国新兴的太空采矿公司的特点之一是，他们通常会招募合作伙伴来帮助他们开发这些先进的创新技术，而且他们还善于从 NASA 赢得研究和开发工作的合同①。

图 2.6　2014 年 2 月，行星能源公司的 **Peter Diamandis**、**Chris Lewicki** 和 **Steve Jurvetson**（从左到右）为公司的 **3D** 打印卫星揭幕（插图由 **Planetary Resources** 公司提供）（书后附彩插）

2.3　应对法律、法规和标准问题

太空采矿初创行业的现状是，他们只善于确定将要面临的科学、工程和技术的挑战并寻求系统的解决方案，而并不善于解决由这种新型企业所带来的所谓法律、监管和标准问题。

唯一得到广泛接受的"既定"国际法是《关于各国探索和利用包括月球和其他天体在内的外层空间活动的原则条约》（简称《外空条约》）②。所谓的《关

---

　　①　3D Systems 公司和 Planetary Resources 公司宣布投资和合作，2013 年 6 月 26 日。http：//www. plane-taryresources. com/ 2013/06/3d－systems－and－planetary－resourcesannounce－investment－and－collabora-tion/.

　　②　《关于各国探索和利用包括月球和其他天体在内的外层空间活动的原则条约》http：//www. unoosa. org/oosa/en/ourwork/spacelaw/treaties/outerspacetreaty. html.

于各国在月球及其他天体上活动的协定》（简称《月球协定》）只有少数几个签署国，许多航天大国都没有签署。其他条款，如《空间物体、造成损害的国际责任公约》也只是与努力禁止在空间违规使用核系统方面有关。《外空条约》最相关的部分是第一条和第二条。

第一条　探索和利用包括月球和其他天体在内的外层空间，应本着为所有国家谋福利和利益的精神，不论其经济或科学发展程度如何，这种探索和利用应是全人类的事。外层空间包括月球和其他天体在内，应由各国在平等的基础上并按国际法不加任何歧视地自由探索和利用，并应允许自由进入天体的所有区域。对外层空间包括月球和其他天体在内，应有科学调查的自由，各国应在这类调查方面促进和鼓励国际合作。

第二条　外层空间包括月球和其他天体，不得由国家通过提出主权主张、使用或占领或以任何方式据为己有。

尽管有这些规定，但至少有三家私营企业在寻求从事太空采矿活动。本书讨论的一个关键问题是，天体的定义究竟是什么，以及有数百万颗的小行星是否构成天体。显然，与在月球上建立国家或私人殖民地或在月球上进行采矿作业相比，根据《外层空间条约》，这种对小型和有潜在危险的小天体进行采矿似乎更被允许。

目前，正在进行一些努力，以寻求澄清太空采矿活动的未来前景，并解决这类活动未来面临的法律和监管地位问题——无论这些活动是政府的还是私人的。这方面的努力也包括加拿大麦吉尔大学航空和航天法律研究所开展的"全球空间治理研究"，其中有一章专门讨论这一专题。从实际而非法律角度来看，行星资源公司和深空工业公司的项目似乎比专注于月球采矿的沙克尔顿能源公司在法律、监管或标准方面面临的挑战要小一些。

▪ 2.4　小结

行星资源公司网站上有这样的宏大声明：地球居民目前仅依赖于我们星球上发现的有限资源，但在较长期的未来来看，我们不必受这种命运所限。确实可能需要在太空中建立设施，以保护我们的星球免受极端太阳风暴的影响，并建立新型的太空基础设施，并以新形式的清洁能源传送到地面。未来显然已经不是过去的样子了。新的空间产业确实可以改变我们的未来——也许是好的，也许是坏的。在"超级月"时间里，"压缩的未来"创新正在以越来越快的速度将未来的现实问题凸显出来，这种创新每天都在显现。需要在制度和法律上更加积极主动地应对这些变化。不断增长的创新，包括广泛的新航天倡议，迫切需要把未来带入我们的生活。

第3章

太空采矿的运输系统和目标区域

正如为太空采矿任务构建机器人系统的过程中要考虑许多不同方面的问题一样，为其构建运输系统也需要考虑多方面的问题。

构建太空采矿运输系统的第一个关键点是为这一任务确定目标区域。对近期的太空采矿项目而言，目前有两个主要的候选区域。第一个也是最为明显的一个，是月亮和地球的"第二个卫星"，即直径5公里的小行星：3753号小克鲁坦（Cruithne）①。第二个是位于合适的轨道上，而且有矿物和金属资源的近地小行星。显然，月球是一个天体，而可能落在地球上的数吨太空尘埃却不是天体。天体和非天体的界限应该如何划分仍是一个可以讨论的问题。

近地小行星的类型可以根据其轨道类型来划分。有些近地小行星的轨道完全位于地球轨道之内，有些则完全位于地球轨道之外，还有一些，也是最危险的一类近地小行星，每年与地球轨道交会两次。有些近地小行星轨道的椭圆程度很高，但对于太空采矿而言，轨道较圆的近地小行星在大多数情况下是最主要的选择。这是由于它们往往是最容易到达的，也最容易将开采的资源带回地球。图3.1是由NASA喷气推进实验室（Jet Propulsion Lab，JPL）的科学家制作的，它介绍了近地小行星轨道的主要类型。幸运的是，作为太空采矿主要选择的"阿波罗"型的近地小行星正好也是数量最多的一类。但是，这些近地小行星也可能被

---

① "Duncan Forgan，你不知道地球拥有的第二个月亮"，发现杂志，2015年3月2日，http://blogs.discovermagazine.com/crux/2015/03/02/earth‐second‐moon/#.VV9I8U9VhHw.

认定为具有撞击地球的可能性。所以可以认为在这种意义下，对"阿波罗"型近地小行星的开采有助于消除这些可能在未来撞击地球的小行星带来的隐患①。

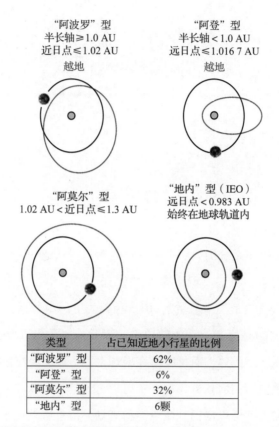

类型	占已知近地小行星的比例
"阿波罗"型	62%
"阿登"型	6%
"阿莫尔"型	32%
"地内"型	6颗

图 3.1 各种类型的近地小行星与地球轨道的关系（插图由 NASA/JPL 提供）（书后附彩插）

到目前为止，行星资源公司已经整理了一份可被用于太空采矿的近地小行星的名单，并公布在其网站上。所列出的小行星目前只作为可能案例被提出，并且列出的主要依据是从近地轨道到这些小行星所需的速度增量比较合适（4~5.5 公里/秒）。关于这份小行星名单的最有趣的一个事实可能是，其中的一些小行星是在最近（2014 年和 2015 年）才被发现的（表 3.1）②。

---

① "What are Atira, Atens, Apollos, Amors," 喷气推进实验室常见问题 eo. jpl. nasa. gov/faq/#ate

② 重要的小行星目标：http://www. plane - taryresources. com/asteriods/#asteroids - targets.

表 3.1　行星资源公司列出的可能用于太空采矿的小行星

名称	直　径	从近地轨道到达需要的速度增量	到达耗时/任务周期	轨道类型	备注
2014EJ24	约 100 km (60 ~ 135 mile)	4 ~ 4.5 km/s	9 个月/1 年	"阿波罗"型	
2014SC324	约 60 km (40 ~ 90 mile)	轨道太小太椭圆，难以引起兴趣。在 2014 年飞临地球		"阿托思"型或"椭圆"型	
1999JU3	840 ~ 900 km	4.5 ~ 5.0 km/s	11 个月/4 年	"阿波罗"型	"日本隼鸟" 2 号发现 – 含碳
2002TC70	约 300 km (188 ~ 420 mile)	4.5 ~ 5.0 km/s	6 个月/3 年	"阿波罗"型	
2011CG2	约 225 km (136 ~ 305 mile)	5 ~ 5.5 km/s	10 个月/4.5 年	"阿波罗"型	
2001QC134	约 300 km (270 ~ 330 mile)	5 ~ 5.5 km/s	6.0 个月/5.9 年	"阿波罗"型	石质的
2013PA7	85 ~ 190 m	4.5 ~ 5.0 km/s	1.8 个月/5 年	"阿莫尔"型	
2008 HU4	约 10 m (6 ~ 13 m)	4.5 ~ 4.0 km/s	2 个月	"阿波罗"型	太小，没有商业价值

　　除了表 3.1 所列的小行星名单外，NASA/JPL 的小行星数据库里提供了一份规模大得多的已被发现且可能用于太空采矿的小天体的名单[①]。

　　行星资源公司和 Zooniverse 项目（一个创立于 2014 年 6 月的面向大众的空间项目）设计了一个名为"小行星动物园"的线上活动（www. asteroidzoo. org）[②]。

----

① NASA/JPL 小行星数据库网址：http://www. planetaryresources. com/asteriods/#asteroids – targets.
② 小行星动物园：寻找具有丰富资源的小行星：http://www. asteroidzoo. org/

这项活动旨在让学生、民间科学家和太空爱好者寻找之前未发现的小行星，并上传到网站上，以作进一步的研究。该项目利用卡特琳娜（CatAlina）地面天文台的观测数据来寻找近地小行星的轨道。这个由行星资源公司提出的创新性项目使得大众参与到科学家、宇航局和潜在的小行星采矿公司感兴趣的近地小行星的研究中来。它还旨在帮助开发更先进的基于计算机的搜索技术，这一技术可以更快地培训计算机分析师利用人工智能技术，根据天体运行的固定模式来识别近地小行星的运动。

后来，这个项目可能会扩展到利用麻省理工学院线性系统（MIT Linear System）、NEAT 小行星计划、空间观测（Spacewatch）、LONEOS 计划（Lowell Observatory Near – Earth Object Search）和其他地面天文台获得的数据进行研究，而量子计算机等新技术的进步也可能会使人类采用更有效的手段来探测以前未被识别的近地小行星。

近年来，许多近地小行星的发现都归功于 NASA 的 NEOWISE 红外望远镜在太空中的观测。新计划的项目，如 B612 基金会的 Sentinel 太空望远镜项目和 NASA 的 NEOCAM 项目，由于设备具有更高的灵敏度和更好的轨道来进行探测，更易于探测到更小的近地天体。目前，更多的红外空间望远镜、更强的地面观测能力和更先进的小行星探测的软件技术，使得人类可为未来的太空采矿确定更适合的目标。

目前，新兴的太空采矿公司似乎致力于寻找具有如下条件的目标小行星：①较大的体积，即直径超过 100 米；②可达的轨道，从近地轨道转移到该轨道所需的速度增量不应远大于 5 公里/秒，到达该轨道所需的时间不应超过一年，且具有所谓的"任务节奏"（完成将资源送回地球任务的时间应小于 4 ~ 5 年）；③含高价值的资源（如贵重金属，如铂，或水资源）的比例高。

实现这一任务并不需要大量的小行星。如果有人可以证实某一小行星，如 2011 CG2，有约 1% 的铂，这便意味着有 60 000 000 千克的铂。目前，铂的市场价是每千克 40 000 美元。如此大规模的铂金供应显然会影响价格，但是若以目前的价格来看，价值约 2.4 万亿美元。实际上，更有可能的是这颗小行星由 1% 的铂族金属（PGMs）组成。这将是一些金属的组成，包括铂、钯、铑、铱、钌。

对于这种采矿任务确定目标的技术而言，在采矿任务真正开始之前，所有的关键条件都已经或即将就绪。行星资源公司在众筹网站 Kickstarter 上发起了一项有趣的活动，即所谓的 Arkyd 卫星平台，上面搭载一个小型望远镜，可以作为"侦察兵"，依照大小、矿物和金属含量等方面的因素评估候选的近地小行星进行开采的可行性。2015 年 4 月 17 日，一颗名为 Arkyd 3 flight（A3R）的实验卫星成功发射并送入地球轨道，并于 2015 年 7 月 16 日从国际空间站进行微纳探测器（NanoRackscubesat deployer）部署。

深空工业公司（DSI）与行星资源公司有着相似的野心和计划。他们的想法也包括发射类似 Arkyd 卫星平台的探测器。这些探测器将评估可能用于太空采矿的候选小行星。这些较小的探测器目前基于成本低廉的微纳卫星技术，包括"萤火虫"（FireFly）（一颗 25 千克重的卫星）和"蜻蜓"（Dragon Fly）。在该计划中，这些小型探测器作为大型通信卫星的附属设备而发射。2014 年 12 月，DSI 还宣布了一个更大的 150 千克的"母舰"卫星的计划，该卫星将被设计为将至多 12 个微纳卫星发射到地球轨道之外的轨道上，用于探索遥远的小行星和其他可能的用途[1]。这种风险投资的问题是，需要相当多的前期资金并且这种高风险的空间探险具有相当大的不确定性，因此获得资助和长期的风险投资是一项真正的挑战。到目前为止，这些探测器都还没有真正在太空中飞行过[2]。

近些年来，各个航天局设计出许多体型大且复杂的行星探测器，但目前相当先进的探测器有效载荷通常也只有几千克[3]。如前面所提及的，行星资源公司和深空工业公司已经在开发 Arkyd 平台和"蜻蜓"，或是能搭载 10 个左右微纳卫星的"母舰"。

因此，至少在探测阶段，小行星的开采不需要在运输技术方面有任何突破性的发展。低成本的化学火箭可以很容易地提供送入到近地轨道（LEO）的推

---

① Woo，Marcus（2014 – 12 – 20）．"利用母舰运送蜂群式航天器到达小行星的设计，" Wired. Retrieved 2014 – 12 – 17.

② Boyle，Alan（January 22，2012）．"Deep Space Industries' lofty asteroid ambitions face high? nancial hurdles，" Cosmic Log. National Broadcasting Corporation. Retrieved January 23，2013.

③ "The 'CAPEd' Crusader：Goddard Technologist Advances CubeSat Concept for Planetary Exploration" Satnews Daily，May 21，2015. http://www. satnews. com/story. php？number = 71626023.

力。在发射到近地轨道后，无论是化学推进系统或是电推进系统都可以为微纳卫星提供对小行星进行探测（以确定其是否足够大，是否具有足够多的金属、矿物和水以满足实际的太空采矿的需求）所需的 4.0～5.5 公里/秒的速度增量。而事实上更复杂的技术问题是如何将"开采出来的矿石"以安全且低成本的方式送回地球。

从短期来看，将开采出来的矿石运送到地球这一问题，主要是针对在月球上开采矿物的问题。传统的固体火箭或液体火箭可以将自动化的采矿设备送上月球，但一些新的"非传统"的运输手段可以用来将所采得的资源运回地球。事实上，其中的一种可以作为双向的系统，既能将采矿设备和其他载荷送上月球，同时又能将矿石运送回地球。

■ 3.1 支持太空采矿的先进运输技术

3.1.1 化学燃料火箭

化学燃料火箭——包括固体和液体推进系统——可以支持太空采矿作业，但这涉及昂贵的消耗品，而且今天的大多数系统都涉及基于化学燃料推进剂的运载火箭系统。新的运载火箭系统也不断诞生，包括 Space X 的"猎鹰"9 号（Falcon 9）和"重型猎鹰"9 号（Falcon 9 heavy）、升级后的印度和中国的运载火箭、"运载器"1 号（Launcher One）、重型平流层高空发射系统、俄罗斯"安加拉"号、欧空局的阿里安 6 号运载火箭、日本的 H－3 运载火箭、轨道科学公司"金牛座"Ⅱ号（Taurus Ⅱ）以及阿连特技术系统公司（ATK）的"自由"号（Liberty）。对于较低质量的小行星的探测任务，也有可以发射 200 公斤以上有效载荷到近地轨道的系统，如"运载器"1 号和 S－3 航天飞机系统（S－3 spaceplane systems）。所有这些系统都显示了能够支持太空采矿的运载器的不断发展的趋势①。

特别值得一提的是，Space X 公司、蓝色起源公司（Blue Origin）、S－3 航天

---

① 见 Joseph N. Pelton and Peter Marshall, Launching into Commercial Space (2015), AIAA, Reston, Virginia.

飞机系统和平流层发射系统正寻求基于传统的化学燃料推进剂的运载火箭系统来发展有商业价值的可重复利用的运输系统。这种商业化的基于化学燃料推进剂的运载火箭系统有望在 5 年内进一步地大幅降低发射成本。同时，其中一些系统还有望产生更少的污染物。在这方面最值得担忧的问题是一些倾向于使用有污染性的固体推进剂（如端羟基聚丁二烯和铝聚酰胺）的系统（如"运载器"1 号或"自由"号）所产生的微粒，因为固体燃料火箭产生的颗粒在高空污染方面特别令人担忧。

3.1.2　离子推进技术

从长远来看，在月球、小行星和低重力环境中运行的空间推进系统可能会以电子或离子推进系统为主。化学推进系统可在短时间内提供大量高比冲推力，这满足了将有效载荷送入近地轨道任务的需求。与之相反的是，电推进可提供更高的总冲量，但这一过程需要较长的时间。在整个运行周期内，电推进具有更高的比冲。

因此，体积小、质量轻的探测器在被化学火箭送入近地轨道后，可由小推力的离子推进系统发射到预期与目标小行星交会的轨道上去。目前，电推进系统主要是为了维持大型的通信卫星或其他应用卫星的轨道高度而开发的。随着电推进技术的发展，这一技术也将应用于月球和小行星的采矿中，或发射探测器寻找可能用于开采的目标小行星。

离子推进器是利用静电力或电磁力来运作的。静电离子推进器使用所谓的库仑力。这意味着，离子在推力器所产生的静电场方向上加速到非常高的速度。而电磁离子推力器则是在常称为等离子体推进器的部件中利用洛伦兹力来将离子加速。这些等离子体推力器通常不使用高压栅极或带正电的阳极和带负电的阴极来加速等离子体中的带电粒子。电磁离子推力器利用等离子体内部产生的电流和电位，反过来加速离子。由于缺乏高加速电压，这种方法导致较低的排气速度，但优势是推进器的寿命较长。

由于电磁离子推进器不使用在静电离子推进器中使用的高压栅极，使得我们无须考虑栅极被腐蚀的问题。而由于缺少栅极所产生的等离子体废气往往是"准中性的",即离子和电子的数量相等。这会导致废气中的离子和电子重组从而中和了排气羽流,因此不再需要电子枪或是空心阴极。

同时,静电离子推进器只能使用惰性气体,通常是氙气。而等离子体离子推进器则可以使用很多种类的推进剂,包括氩、二氧化碳和其他气体和液体。无论是使用静电离子推进器或纯粹的等离子体推进器,推力都源自离子的动能。事实上,还有一些离子推进器利用无线电波而不是电场栅极来产生加速推进器的等离子体[1]。

截至 2015 年,离子推进器的输入功率一般为 1~7 千瓦。这些推进器通常还会产生 20~50 公里/秒的排气速度,推力水平可高达 250 毫牛,效率高达 80%[2]。

由 NASA/JPL 喷气推进实验室设计的"深空"1 号探测器 (Deep Space 1 spacecraft) 使用了离子推进器来驱动 (图 3.2)。它能够产生超过 4.5 公里/秒的速度增量,而只需消耗不到 75 千克的氙气燃料。这远高于化学燃料火箭的效率,但是较小的推力需要维持一段较长的时间才能完成增速过程。

图 3.2 用于"深空"1 号探测器的氙离子推进器 (插图由 NASA 提供) (书后附彩插)

同样使用离子推进器提供动力的"黎明"号探测器 (The Dawn spacecraft) 目前的记录是实现了 10 公里/秒的速度增量。对于目前被认定为可能进行太空开

---

① Choueiri, Edgar Y "New dawn of electric rocket". Scientific American (2009). Issue 300: pp. 58 – 65.
② 同①.

采的近地轨道目标小行星来说，这一量级的速度增量已远远超过到达它们的需求。在这一领域有相当大进展的经济体包括美国、俄罗斯、欧洲。

3.1.3　核动力推进

有许多航天器的能源系统采用核动力源，这些航天器往往用于需要相对较高功率水平的长时间任务。当常规的太阳能和电池电源系统不能满足航天器需求时，往往使用被称为"SNAP 发电机"的核发电机和核同位素电源，这已经有多年历史了。虽然如此，最近人们依然在努力开发用于各种可能任务的核动力推进器。核裂变材料为火箭推进的动力源提供了较多选择。最容易的就是使用核同位素驱动的低功率推进器，作为离子推进器的动力源。有人建议将这种核动力推进器用于近地轨道国际空间站的长期维护。

其他更加困难、有挑战的选择包括热核火箭（核能用于大规模加热液态氢推进剂）、直接核能（核反应产生的裂变产物直接推动火箭发射）、核脉冲推进（核爆炸推动火箭），或者从长远来看，可以开发出某种形式的实际核聚变。洛克希德·马丁公司的臭鼬工厂（Lockheed Martin Skunkworks）最近在核动力推进方面取得的突破性进展表明，这些选择可能会在比以前认为的更短的时间范围内（即再过 10 年）变得可行。在这种情况下，火箭可由小型核聚变反应堆直接提供动力，或者可能利用核聚变反应堆的能量为火箭推进系统提供持续的动力，以及为月球殖民地或远程太空采矿作业提供能源。

氦－3 推进器利用氦－3 原子的核聚变作为航天器的动力源，氦－3 具有两个质子和一个中子，是氦的同位素，可以在反应堆中与氘融合，由此产生的能量释放可用于将反应物从航天器的后方排出。近年来考虑将氦－3 作为航天器的动力源，主要是因为月球上富含氦－3。目前，科学家估计月球上存在 100 万吨氦－3。氦－3 的沉积主要是由于含有氦－3 的太阳风与月球表面碰撞后与其他元素一起沉积到月壤中。

其他人考虑得更现实，沙克尔顿能源公司宣布了他们的计划，与其开采氦－3作为核聚变的原材料，不如简单地开采水冰资源来制造氢和氧做火箭的化学推进剂。沙克尔顿能源公司网站刊登着以下声明："我们正要重回月球去取水，月球两极上有数十亿吨的水冰。我们将提取它，将其转化为火箭推进剂，并在地球轨道上建立推进剂贮存站。就像在地球上用一箱汽油并不能走太远一样，我们今天能在太空中所做的事取决于我们能从地球表面带走多少推进剂。我们的轨道推进剂贮存站将改变我们在太空中开展工作的方式，并启动一个价值数万亿美元的产业。就像黄金打开了西方一样，月球上的水冰将打开一个前所未有的领域①。"

在这些概念中的很多概念都存在这样一个问题，即无论谁去月球上开采氦-3或者水冰，1965年的《外空条约》已经宣布"月球和其他天体"是全球共有的，当然也不允许从月球上搬运资源。1849年的淘金热是在美国内陆进行的，但是根据现在的国际法，想实现对月球的开采并不那么容易。

■ 3.2 月球上的质量加速器系统

有许多其他的选项可以为太空采矿提供关键的新型运输功能，这些功能更易于使用，更加安全地支持太空采矿。讨论和分析最多的一个构想是"质量加速器"，这个构想是属于名作《高高的边疆》（"*The High Frontier*"）的作者杰拉德·K. 奥尼尔（Gerard K. O'Neill）博士的。

O'Neill的构想是在月球表面制造一个质量发射装置，可以将质量以2千克/30秒或240千克/小时，或者大约3吨/天的速度发射出去②。如果有足够的能量来支持这种运输方式，这显然也可以在一颗大型小行星上实现。由于小行星的引力要比月球小得多，所以这样的质量发射装置将能够从近地小行星向太空中发射更大体积的物质。可关键的问题是，在月球或小行星上聚集如此丰富矿产资源的地方在哪里呢?

---

① 《沙克尔顿能源公司概述》：http://www.shackletonenergy.com/overview/# goingbacktothemoon.

② Gerard K. O'Neill, The High Frontier: Human Colonies in Space, （2000）Apogee Books, Burlington, Canada.

3.3　太空电梯系统

如果从长远来看，已经有各种各样的建议和研究关于可能的从地球到地球静止轨道的太空电梯，甚至是地球和月球之间的电缆运输系统。这种带有太阳能机机械升降梯，及具有足够的抗拉强度和抗强辐射电缆的太空缆车的设计已经超过了人类目前的工程实施能力，并且其建造、部署和操作最终可能在经济上不可行。但是，如果最终证明这种系统确实可行，那么将为开展大规模的太空采矿活动提供重大突破[①]。

3.4　小结

与太空采矿有关的技术正在不断地研发中。自从约翰·刘易斯（John Lewis）撰写了有关该主题的一本比较流行的图书《开采太空》（"*Mining the Sky*"）以来，有关太空运输、太空能源系统和机器人采矿系统的许多新思想在过去的 20 年中得到了发展。当然，我们相比 60 年前已经前进了很多，当时像《瑞普·福斯特骑行灰色星球》（"*Rip Foster Rides the Gray Planet*"）这样的科幻惊悚片，最先激发了年轻的企业家们认为太空采矿也许真的有可能[②]。

尽管在基本工程技术上取得了重大的技术进步，但是鉴于地球上重要矿石资源的枯竭，需求量的大大增加，太空采矿事业还有许多工作要做。本章仅介绍一些需要进一步发展以使太空采矿成为可能的关键运输系统。此类企业是否成为可能，还取决于何时以及是否可以解决法律、法规和标准等问题。

---

① Bradley C. Edwards and Eric Westling，空间电梯（2003）Praxis Books，NY.

② John Lewis，太空采矿：从小行星、彗星及行星上获取的不可述说的财富（1997）Perseus books，NY.

第 4 章

太空采矿作业的能源和机器人系统

太空采矿作业的基本要素包括可以执行采矿作业的机器人系统，可以让机器人系统持续运行的能源系统，探测感知并确认月球或小行星上有价值的矿石、水或矿物以便进行可能开采的探测感知系统，以及往返采矿地点的运输系统。第 3 章讨论了派出探测器以识别太空采矿可能的目标以及空间运输系统，而本章将讨论机器人采矿和可持续的能源系统。这是主要的技术需求，但并不意味着其他的技术和系统不需要被开发。未来配备智能软件和原材料的 3D 打印系统可能会实现基础设施建设，从而实现功能完备的太空殖民地建设或其他复杂任务。但对于近期的太空采矿活动来说，先进的探测和勘探、运输系统、机器人采矿系统和持续能源系统才是真正的核心技术。

任何技术以及技术系统的设计、制造和操作都可能在将来受到法律，法规或标准的约束。例如，某些限制与污染有关，比如对使用核或放射性物质的限制，以及固体火箭发动机产生的颗粒物的限制；某些限制与安全标准有关，如对核或放射性物质的使用或知识产权的限制；或与专利发明的正确使用有关。在大多数情况下，这些技术似乎并未引发在国家法律和司法体系中无法轻易解决的重大法律、法规或标准问题，但是如果这些行动是在不受国家法律、法规或安全标准影响的月球或小行星上进行的，事情显然会变得复杂。有关在南极洲建立的国际科学考察站的先例也许是最有用的指导，这些先例可能适用于月球或小行星的太空采矿活动。

显然，"房间里的大象"（*形容明明存在的问题却被人刻意回避*）是否允许私人实体、财团或政府机构出于自身利益（*而不是代表"全球公地"*）进行太空开采，这是最根本的问题，相比于这个关键问题，太空采矿的技术途径选择是次要的。所有这些法律和法规问题将在后面的章节中讨论。

4.1　能源系统

为了满足机器人采矿设备的通信和数据网络需求，采矿所需原材料的本地运输以及实际采矿作业的需求，显然必须要有可持续的能源系统。幸运的是，有许多种可能的选择。

4.2　太阳能电源系统

不久前，人们成功研发了可以从太阳辐射中产生电能的太阳能（光伏）电池，这显然是一项经过充分证明的可用技术。所谓的"多结紫光"电池、砷化镓电池[①]或量子点技术之类的更高效率的光伏技术正在研发中，它们可以提供更高效率的功率转换[②]。锂离子电池还可以支持更高的储能密度和更长的使用寿命。

太阳能电源系统的意义在于，无须提供推进剂即可运行此类系统。太阳能很可能将成为支持通信、数据网络和初始太空采矿作业的主要能源来源。但是，太空采矿作业可能需要相当大的太阳能电池阵列。因此，电池阵列可能会设计有太阳能聚集器，从而使太阳能电池板能够吸收相当于几个太阳同时光照的能量。同样也可能会有一个跟踪系统，以便不断追踪来自太阳的最大光照角度。在太阳能电池上可能还会有一些玻璃涂层，以维持并延长其寿命。

即使这样，如果采矿作业要持续 15 年以上，则有必要更换磨损的太阳能电

---

① "硅与砷化镓，哪种光伏材料性能最好" NASA 技术简报，2014 年 1 月 1 日. http://www.tech-briefs. com/component/content/article/27 – ntb/features/application – briefs/18946.

② "量子点太阳能电池打破转换效率纪录" https://spectrum. ieee. org/nanoclast/green – tech/solar/quantum – dot – solar – cells – break – conversion – efficiency – record.

池和普通蓄电池。因此，需要首先设计太阳能电源系统，以及提供根据需要可自动安装的替换组件。

■ 4.3　天基热电偶能源系统

另一种可能是使用天基热电偶系统。尼尔·留里克（Neil Ruzik）提出了在月球上使用太阳的受光面和背光面之间的极端温度梯度进行发电的想法，并申请了专利。热电偶能源系统的原理是采用两块不同材料的导电金属板形成闭合电路，同时将两个结点保持在不同的温度下从而产生电流。每对结点都可以用来形成一个单独的热电偶。因此，有可能在日光"辨别器"上创建大量的热电偶，从而产生大量的电能。可以使用太阳能透光汇聚器来加热天基热电偶的一端，并将另一端放在小行星或月球背光的一侧来发电。热电偶的效率可能不如太阳能电池，但是它的寿命更长，并且建造和安装的成本更低①。

■ 4.4　核或放射性同位素能源系统

核或放射性同位素能源系统可以提供长期可靠的能源，而无须太阳能供电。对于需要大量深钻以获得矿石的采矿作业来说，从一开始就可以考虑使用核能。放射性同位素热电式发电机（Radioisotope thermoelectric generators, RTG）通过转换由同位素衰变产生的能量为航天器提供能源。对于当前的RTG，放射性同位素的能源为钚－238（Pu－238）。如上所述，电流是通过热电偶产生的，由于没有活动部件可能会磨损，RTG 历来被视为一种高度可靠的电源组件。NASA 在 RTG 中使用热电偶进行深空探测任务的总时长超过 300 年，并且在近 20 个 RTG 中，每一个热电偶都从未发生过故障（图 4.1）。

---

① 外太空热电偶：www. physics－edu. org/tech/thermo_electricity_in_outer_space. htm.

图 4.1　目前在火星上的"好奇号"火星车上使用的放射性同位素热电式发电机

(插图由 NASA 提供)

在 RTG 内,放射性同位素燃料加热其中的一个结点,而另一个结点保持未加热状态,并被空间环境或行星大气冷却。

目前,NASA 使用的 RTG 是所谓的多任务放射性同位素热电发生器(Multi - mission radioisotope thermoelectric generator,MMRTG)。该设计基于先前在两个"海盗号"着陆器(Viking landers)以及"先锋"10 号和"先锋"11 号(Pioneers 10 and Pioneers 11)上飞行验证过的 RTG 的类型。

MMRTG 的发电效率仅为 6% ~ 7%。可以将多个 MMRTG 组合在一起为采矿任务提供更高水平的电功率。每个 MMRTG 都含有不到 5 千克的二氧化钚 - 238 作为核燃料,使用 8 个通用热源(GPHS)模块,以产生总计约 110 瓦的功率。因此,将需要 5 个这样的单元来产生 550 瓦的功率。RTG 产生的多余热量可用于将机器人钻孔和处理单元的温度维持在理想的运行温度水平。这种 RTG 电源系统的另一个复杂之处在于,它受到政府密切的监督和控制,这关系到谁可以合法使用它们。此外,对于谁可以在何种监管机构下将这种系统发射到太空方面有单独且相当严格的控制。一个商业运营商可能会发现很难获得拥有和操作这类电源的许可证,甚至更难被批准将一个或多个 RTG 发射进入轨道。

基于灵活性、可靠性和效率的考虑,太空采矿活动更希望将这 3 种类型的电源结合,即太阳能电池、天基太阳能热电偶能源系统和放射性同位素热电式发电机[1]。

---

① 放射性同位素能源系统:https://solarsys - tem. nasa. gov/rps/rtg. cfm.

4.5　热离子电源

不管怎样，热离子电源总是一个用于太空采矿作业电源系统的可选项。热离子电源与热电偶装置的发电方式非常相似，并且还能将热转化为电。在最新的设计中，加热和非加热金属板之间还接入了一个电网。

这种发电方法出现很早，但它一直以来都有着效率低的缺点。最近，斯图加特的马克斯·普朗克固态研究所（Max Planck Institute for Solid State Research in Stuttgart）、奥格斯堡大学（The University for Augsburg）和斯坦福大学（Stanford Universtiy）的研究人员提出了一种在极板之间产生磁场的方法，来解决空间电荷问题。磁场会加速电子离开热板，并使这些电子在即将到达冷板时减速，从而产生连续的电流。这个能够产生连续电流的磁场由带有六边形孔的蜂窝门（honeycomb–patterned gate）产生。在极板之间的磁场下，电子被引导穿过蜂窝孔。虽然目前使用这种设计系统的效率只有 10% 左右，不过预计最终会达到 40%[①]。

4.6　爆炸即是能源

太空采矿作业也是采矿的一种，所以将常规采矿作业用的普通炸药用于太空采矿自然是合情合理。不过若是让普通的炸药在低重力的外太空环境中普通地爆炸会出大问题，所以我们需要研究个新问题：如何在一个受保护或屏蔽的爆炸控制区域内设计一个成型的爆炸，使得炸出来的产物能进入我们的口袋而不是飞往银河系。举个例子，火星的两颗卫星，"火卫"一和"火卫"二的逃逸速度也就 50 公里/小时，或者说 14 米/秒。在它上面搞一个不受控制的爆炸，碎片的速度会远大于逃逸速度，从而被送上天。到时候回收它们将是个大难题——除非能找个大网把整个卫星包起来。

---

① http://physicsworld.com/cws/article/news/2013/dec/09/new–generator–creates–electricitydirectly–from–heat（译注：现在似乎是 https://physicsworld.com/a/new–generator–creates–electricity–directly–from–heat/）

4.7　空间机器人采矿系统

正如前面所介绍的，地球上易开采的重要的金属和稀土矿物的储量已经耗尽。简而言之，容易获得的矿物质几乎从地球上消失了。未来我们只能从地球上最偏远的地方，地下几百米，或者在月球或近地天体上获得它们。用于超深挖掘的机器人采矿设备可以为空间机器人采矿提供原型概念。NASA 的"奥西里斯"（OSIRIS）任务的目的就在于为实际开展小行星上太空采矿作业提供新的参考（图 4.2）。

图 4.2　太空中的 NASA "奥西里斯" 探测器（插图由 NASA 提供）（书后附彩插）

目前，已有一些用于小行星采矿的机器人采矿设备的系统详细设计，图 4.2 仅为一例的说明①。

目前，科学家们已经对一些必须攻克的挑战进行了研究，并挖掘出了一系列潜在问题。这些挑战可以比较抽象地概括如下：

（1）以较低的能耗进行采矿；

（2）使机器人采矿设备的形状、尺寸和质量都尽可能地小；

（3）改进软件和人工智能系统，实现远程操作和自动化；

（4）降低复杂性，提高操作的易用性，减少润滑、需要频繁维护、以及需要人工操作的需求。

---

① NeoMiner（新矿工）机器人小行星采矿设备，用于在近地天体和更远的小行星开采金属 https://www.google.com/search? q = robotic mining equipment.

(5) 易于用"智能"3D 打印机就地取材在太空中原位组装或制造;

(6) 有限的消耗品补给需求;

(7) 能够适应当地重力、真空、太阳照射、辐射、热环境,以及采矿产生的粉尘等环境。因为面对恶劣的空间环境,现场没有维修或维护人员是个大问题。

(8) 系统的可升级性和设计的模块化需求,以便替换、改进损坏或过期的部件。

这些挑战都是太空采矿最为基本的需求,而满足这些需求则相比简单改装用于地球上的深度采矿机器人,需要更加复杂的设计以及奇迹般的工程。总而言之,现有的基于地面工作研制的设备存在着过大、过重、过于复杂、能耗过大、仅能适应地球重力环境、需要频繁维护、维修等种种缺点,因而无法在太空中有效使用①。

■ 4.8 新型空间挖掘概念创新

与机器人太空采矿设备有关的挑战十分巨大,因此应用于近地小行星采矿的全新技术对该领域的未来发展至关重要。尼古拉·特斯拉(Nikola Tesla)曾推测未来可能会出现高功率的电磁武器系统。这个能危害地球安全的技术正好可以用于小行星采矿,凭借其大威力将小行星击成碎块。只要"太空岩石"的尺寸合理,它们就有可能返回地球或进入月球轨道。不过,目前太空采矿公司的计划还是主要集中在传统采矿技术上②。

美国洛斯·阿拉莫斯(Los Alamos)国家实验室的研究人员在这一领域的研究报告如下:一位研究人员和他的同事用一种在实验室环境中模拟地震的新型装置,证明了地震波(地震辐射的声音)可以诱发地震余震,而这个余震通常会

---

① Peter Chamberlain, Lawrence Taylor, EgonsPodnieks, and Russell Miller, "关于在太空可能采矿任务的评述," University of Arizona Press. http://www. uapress. arizona. edu/onlinebks/ResourcesNearEarthSpace/re-sources03. pdf.

② "去听日本 9.0 级地震的'声音':地震波转换为音频以研究地震的特征", Science News. https://www. sciencedaily. com/releases/2012/03/120306142506. htm.

在地震结束很久之后发生。这项研究解释了地震是如何触发的，以及余震是如何复发的①（图 4.3）。

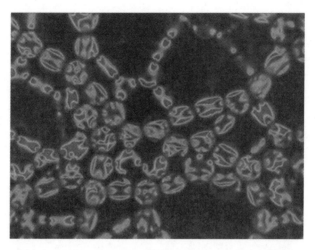

图 4.3　受声波增强影响的断层线的力链（以红色显示）

（插图由美国洛斯·阿拉莫斯国家实验室提供）（书后附彩插）

　　此外，近地小行星或相当大小的小行星碎块可以作为潜在的保护盾放置在地球轨道、月球轨道或拉格朗日点（L1）上，用于保护地球免受毁灭性小行星的撞击。

　　新技术的发展和探索太空能力的提高，在促进技术不断创新的同时，也引发了关于国际空间法的重要问题。为太空采矿研制的大振幅声波频率发生器也可被看作研发空间武器。此外，将一颗新的小行星或小行星的一部分部署到任何新的近地轨道也会导致新的过程问题（process issue）。将这些"重要空间物体"移入或移出地球轨道是否需要得到联合国空间任务咨询组的批准或通过其他国际批准程序也是亟待解决的问题。

---

①　"声波可以触发地震余震"由美国能源部洛斯·阿拉莫斯国家实验室发布的研究报告. https://www.sciencedaily.com/releases/2008/01/080103124649.htm.

■ 4.9 小结

无论是在月球上还是在近地小天体上，太空采矿所面临的难题都是相当大的技术挑战。保证持续和充足的能源供应和发展能够克服之前的十大制约因素的采矿设备都是丘山之功。对于地外天体采矿，我们很有可能需要一套完全不同的全新技术。这些新方法的诞生和对"重要空间物体"的重新部署不仅会带来一场技术革新，还会带来新的法律和监管问题。

第5章 美国空间探索和行星资源

美国国家航空航天局（NASA）自成立近60年以来，积极推进太空探索活动，发射了一系列载人飞船、行星着陆器、深空探测器及空间望远镜，开展了科学探测和数据收集等活动。NASA还为通信、遥感和导航领域的空间应用开发提供支持，最近还举办了与太空采矿技术和商业空间运输有关的系列有奖竞赛。对于之前提到的那些优秀企业，NASA也确实与它们签署了研究与开发协议——NASA自从成立起已经执行了数百项任务，它们没必要事必躬亲。言归正传，本章旨在强调其中与行星和资源探索任务中关系最密切的部分。

5.1 空间望远镜任务

1990年4月NASA发射了哈勃空间望远镜，用于观测恒星、行星和星系。时至今日，除了深空观测外，哈勃空间望远镜还提供了大量关于月球、小行星、行星及其卫星的有价值的信息[1]，这些数据是向全世界公开的。整个项目是由NASA领导的，其中欧洲航天局（ESA）提供了很多科学与技术上的支持[2]。

2009年3月NASA发射了"开普勒"空间望远镜。"开普勒"空间望远镜的

---

[1] 哈勃望远镜：NASA，https://www.nasa.gov/mission_pages/hubble/story/index.html#.VOEOyfnF‒Sq（2015.8.27）

[2] 哈勃概述，空间科学，ESA，http://www.esa.int/Science_Exploration/Space_Science/Hubble_overview（2015.8.27）

主要任务是调查银河系中一个特定的目标区域及其附近的宜居带，发现了数百颗类似地球大小的行星，并确定银河系中的数千亿颗恒星中可能存在此类宜居行星系统。而科学目标则仍是"通过测量大量的恒星样本来探索行星系统的结构和多样性，从而确定那些拥有行星系统的恒星的特性[①]。"

NASA 与 ESA 和加拿大航天局（Canadian Space Agency，CSA）合作，原计划于 2018 年 10 月发射詹姆斯·韦伯太空望远镜。这台巨大而复杂的空间望远镜将成为未来 10 年的最重要的天基天文台，它将研究我们宇宙的每一段历史：从大爆炸后的第一次发光开始，到能够孕育地球等行星上生命的太阳系的形成，再到我们自己的太阳系的演化[②]。

2017 年 NASA 发射了凌日系外行星勘测卫星（Transiting Exoplanet Survey Satellite，TESS）任务，目的是寻找经过的系外行星和明亮的恒星。TESS 任务被看作是在使用大型地面望远镜、哈勃空间望远镜和韦伯空间望远镜之后，进行识别目标最佳的途径[③]。

■ 5.2 "阿波罗"月球探测计划

最初"阿波罗"工程的目标很明确：让美国人登上月球并安全返回。随着"阿波罗"11 号载人飞船成功地实现了最初的目标，"阿波罗"工程的探测目标也包含对月球进行科学研究。作为这次探测任务的一部分，1972 年 12 月宇航员在"阿波罗"17 号最后一次任务中从月球上收集了各种样本。"阿波罗"系列任务收集的大量样本是关于月球化学成分分析的最全面的数据库之一[④]。

---

① 开普勒概述，NASA，https://www.nasa.gov/mission_pages/kepler/overview/index.html#.VOkYSvnF - So（2015.8.27）

② 詹姆斯·韦伯太空望远镜的概况与探讨，NASA，http://jwst.nasa.gov/about.html

③ NASA Facts：TESS：凌日系外行星勘测卫星，FS - 2014 - 1 - 120 - GSFC（October 2014），online：TESS，NASA，https://heasarc.gsfc.nasa.gov/documents/TESS_FactSheet_Oct2014.pdf

④ "阿波罗"计划，NASA，https://www.nasa.gov/mission _ pages/apollo/missions/index.html#.VM1iz2jF - Sr

■ 5.3　"水手"号、"信使"号、"旅行者"号、"伽利略"号、"开拓者"号、"朱诺"号、"惠更斯 – 卡西尼"号、"麦哲伦"号和"新地平线"号

NASA 的"水手"号系列探测器是"美国第一批前往太阳系除月球外的其他行星，特别是金星和火星的航天器"。成功的"水手"号探测器任务有："水手" 2 号（1962 年 8 月发射到金星），"水手" 4 号（1964 年 11 月发射到火星），"水手" 5 号（1967 年 6 月发射到金星），"水手" 6 号（1969 年 2 月发射到火星），"水手" 7 号（1969 年 3 月发射到火星）、"水手" 9 号（1971 年 5 月发射到火星）和"水手" 10 号（1973 年 11 月发射到金星和水星)[①]。

"水手" 2 号探测器的任务目标是研究金星并进行近距离的科学观测；"水手" 4 号探测器的任务本来是想对火星进行平行观测，最终导致了对火星进行细致的科学观测；"水手" 5 号探测器的任务目标是收集有关金星大气、辐射和磁场的数据；与早期的火星飞行任务相比，"水手" 6 号和"水手" 7 号探测器的主要目标是对火星进行更精细的观测；"水手" 9 号探测器的任务目标是绘制 70% 的火星表面，并研究火星大气层和火星表面的时间变化；"水手" 10 号探测器任务的主要科学目标是测量水星的环境、大气、表面和主体特征，并对金星进行类似的研究[②]。

另一项涉及水星的任务是 NASA 的"信使"号（MESSENGER）探测器。

---

① "水手"系列任务，http://science1. nasa. gov/missions/mariner – missions（译注：原网页不存在了，现在应该是 http://science. nasa. gov/missions/mariner – missions）

② "水手" 2 号，http://www. jpl. nasa. gov/missions/mariner – 2/.

"水手" 4 号，http://nssdc. gsfc. nasa. gov/nmc/spacecraftDisplay. do? id = 1964 –077A.

"水手" 5 号，http://www. jpl. nasa. gov/missions/mariner – 5/.

NASA "水手" 6 号和"水手" 7 号火星探测，http://mars. jpl. nasa. gov/programmissions/missions/past/mariner6/7/.

"水手" 9 号 http://nssdc. gsfc. nasa. gov/nmc/spacecraftDisplay. do? id = 1971 –051A.

NASA "水手"任务，http://science1. nasa. gov/missions/mariner – missions/ （全部访问于 2015 年 8 月 27 日）

"信使"号探测器的任务于 2004 年 8 月启动，目的是对水星进行首次详细的观测①。
ESA 与日本航天局（Japanese Space Agency，JAXA）合作对水星进行的最新探索任
务叫作"BepiColombo"，后面将在有关欧洲活动的章节中进行介绍。

1977 年的夏天，NASA 发射了"旅行者"号两个探测器，来探索木星和土
星。"旅行者"1 号探测器实际上是其中的第二个，于 1977 年 9 月 5 日发射升
空，而"旅行者"2 号探测器则是在两周前的 1977 年 8 月 20 日升空。最初该任
务仅用于研究木星和土星，两次飞行任务的目标是进行木星、土星、土星环和对
两颗行星的较大卫星开展近距离探测研究。在 NASA 批准了"旅行者"计划的另
一项海王星飞行任务之后，该任务后来改名为"旅行者"海王星星际任务②，现
在，该任务称为"旅行者"星际探测任务。在目前的飞行任务环境下，这两个
探测器被进一步设计以继续探索恒星中的紫外线源，"旅行者"号探测器上的场
和粒子探测器将继续探索太阳的引力范围与星际空间之间的边界。

1989 年 10 月 18 日，NASA 发射了"伽利略"号探测器，从轨道上对木星及
其卫星和磁层进行了详细研究。2003 年 9 月 21 日，"伽利略"号探测器坠入木
星具有毁坏性的大气中并被摧毁。在航天器被摧毁之前，"伽利略"号探测器任
务最重要的发现之一就是在木卫二冰冷的外壳下方可能有一片海洋。ESA 计划于
2022 年探索木星及其 3 个卫星木卫三、木卫二和木卫四的任务，试图确定这 3 颗
卫星是否都可能含有地下海洋③。

在"伽利略"号探测器任务执行之前，NASA 分别于 1972 年 3 月和 1973 年
4 月发射了"先锋"10 号和"先锋"11 号探测器，并送至木星、土星以及银河
系的其他地方。"先锋"10 号探测器的科学飞行任务于 1997 年 3 月结束，"先
锋"11 号探测器的飞行任务于 1995 年 9 月结束④。

---

① NASA "信使"号的发射场，http://www.nasa.gov/mission_pages/messenger/launch/index.html.
② NASA 论点：外行星和星际空间的"旅行者"，JPL 400 - 1538 09/13（访问日期：2013 年 9 月），
http://www.jpl.nasa.gov/news/fact_sheets/voyager.pdf.
③ "伽利略"号，NASA 太阳系探测系统，http://solarsystem.nasa.gov/missions/profile.cfm? Sort =
Chron&StartYear = 1980&EndYear = 1989&MCode = Galileo.
④ "先锋"10 号和"先锋"11 号（2007 年 3 月 26 日），在线：NASA 任务档案，http://www.nasa.
gov/centers/ames/missions/archive/pioneer10 - 11.html 参见先锋工程，喷气推进实验室，http://space.jpl.
nasa.gov/msl/Programs/pioneer.html.

目前，正在进行的"朱诺"号探测器是 NASA 关于木星的另一个探测任务，"朱诺"号探测器于 2011 年 8 月发射升空，其明确的任务目标是通过揭示木星的起源和演化来增进我们对太阳系起源的理解。"朱诺"号探测器最终在 2016 年 7 月进入木星轨道，具体来说，"朱诺"号探测器执行的任务如下：

（1）确定木星大气中的水量，这将有助于确定哪种行星形成理论是正确的（或者是否需要新的理论）；

（2）深入观测木星的大气层以测量其组成成分、温度、云层运动和其他特征；

（3）绘制木星的磁场和引力场，从而有助于揭示行星的深层结构；

（4）进行探索并研究木星两极附近的磁层，特别是极光（木星的北极和南极光），从而提供关于行星巨大磁场如何影响其大气的新见解。如果"朱诺"号探测器存活时间足够长，它可能会与 ESA 的木星冰卫星探索者（Jupiter Icy Moons Explorer，JUICE）探测器开展协同测量①。

1997 年 10 月，由 NASA 与 ESA 和意大利航天局（Agenzia Spaziale Italiana，ASI）共同研制的"卡西尼 – 惠更斯"（Cassini – Huygens）号探测器成功发射，计划对土星及其卫星、土星环和磁场环境进行深入研究。"卡西尼"号探测器上载有"惠更斯"号探测器，该探测器从主探测器中释放出来，用降落伞从大气层降落到土星最大的，也许是最有趣的"泰坦"卫星的表面。2004 年，"卡西尼"号探测器到达土星，2004 年 12 月 24 日将 ESA 的"惠更斯"号探测器释放，2005 年 1 月 14 日"惠更斯"号探测器降落在"土卫"六的表面。2008 年 6 月结束了"卡西尼"号探测器最初的四年任务，但继续进行到 2010 年 9 月称为"卡西尼春分"的首个扩展任务。第二个扩展任务称为"卡西尼冬至"任务，持续到 2017 年 9 月。该任务将有助于确定"土卫"六表面的物理状态、形貌和组成，并表征其内部结构。

"卡西尼"号探测器对土星冰冷卫星的观测，旨在揭示土星卫星表面物质的

---

① "解开木星的秘密"（2011 年 8 月 24 日），在线：NASA "朱诺"号概述，http:// www. nasa. gov/ mission_pages/juno/overview/index. html#. VOkGuPnF – So.

成分和分布，同时有助于揭示卫星的整体成分和内部结构①。

"先锋"号金星轨道器（也称为"先锋"12号任务）旨在对金星的大气和地表特征进行长期观测。该航天器由 NASA 于 1978 年 5 月发射，一直运行到 1992 年 10 月。"先锋"号金星多探针探测器（"先锋"13 号任务）旨在进行详细的金星大气测量，它于 1978 年 8 月发射，并于 1978 年 12 月在金星的大气层中坠落烧毁②。

1989 年 5 月，NASA 发射了"麦哲伦"号探测器，以加深对金星行星地质结构的了解，包括金星的密度分布和动力学特性。该飞行任务于 1994 年 10 月 11 日结束，当时探测器被命令跳入金星稠密的大气层③。

NASA 于 2006 年 1 月启动了"新视野"号任务，以首次研究冥王星系统和柯伊伯带。2015 年 7 月 14 日，"新视野"号探测器以最近的路线到达了冥王星及其卫星。冥王星及其最大的卫星"冥卫一"（Charon）属于第三类行星体，称为"冰矮星"，它们具有固体表面，但是与地球行星不同，质量组成的主要部分是冰冷的物质。通过使用哈勃太空望远镜观测到的影像，"新视野"团队成员现在已经发现了 4 个以前未知的冥王星卫星：Nix、Hydra、Styx 和 Kerberos，它们也是由冰冷的物质组成④。

根据"新视野"号探测器返回数据反演出这些世界的特写镜头，有望揭示出更多有关冥王星起源以及太阳系边缘天体和柯伊伯带（彗星起源于此）的起源的信息。"新视野"号探测器正在首次探索有关冰矮行星（如冥王星和柯伊伯带）的起源以及它们如何随着时间演变的有用信息（图 5.1）。

---

① NASA，新闻材料包："卡西尼－惠更斯"土星到来（2004 年 6 月），http://www.nasa.gov/pdf/60116main_cassini－arrival.pdf.

② "先锋"12 号，快速浏览，喷气推进实验室，http://space.jpl.nasa.gov/msl/QuickLooks/pioneer12QL.html.

③ "麦哲伦"号任务概览，http://www2.jpl.nasa.gov/magellan/fact.html（2015 年 8 月 27 日访问）。

④ "新视野"号：冥王星系统和柯伊伯带的首次任务（2014 年 8 月），在线：NASAhttps://www.nasa.gov/sites/default/files/files/NHMissionFS082114HiPrint.pdf（2014 年 8 月访问）。

图 5.1　"新视野"号探测器在 2015 年 7 月 14 日飞越冥王星
（插图由 NASA 提供）（书后附彩插）

5.4　月球任务

　　1994 年 1 月 25 日，NASA 发射了"克莱门汀"号探测器（Clementine），这是战略防御倡议组织（Strategic Defense Initiative Organization）与 NASA 的一项联合项目。"克莱门汀"号探测器的任务目的是"在长时间暴露于空间环境下测试传感器和航天器组件的性能，并对月球和近地小行星 1620 Geographos 进行科学观测。""克莱门汀"号探测器进行的观测最初是为了评估月球和 Geographos 的表面矿物学特性，获得月球北纬 60°到南纬 60°的高程，并确定大小、形状、旋转特征、表面性质和陨石坑统计数据地图。最重要的是，"克莱门汀"号探测器还确认了月球上有大量的水冰，并且与其他 NASA 深空探测项目相比，能够以较低的成本完成其任务。但由于 1994 年 5 月 7 日一台计算机出现故障，因此无法按计划继续执行任务[①]。

　　另外还有其他几个与月球有关的任务，分别是探月者（Lunar Prospector, LP）任务、月球侦察轨道器（Lunar Reconnaissance Orbiter, LRO）任务、月球火山口观测遥感卫星（Lunar CRater Observing and Sensing Satellite, LCROSS）任务以及月球大气尘埃环境探测器（Lunar Atmosphere and Dust Environment Explorer,

---

　　①　NASA"克莱门汀"号项目信息，http：//nssdc.gsfc.nasa.gov/planetary/clementine.html.

LADEE）任务。LP 任务于 1998 年 1 月启动，"为期一年，极地轨道，主要任务是专门绘制关于月球资源、重力和磁场以及月球对外排气情况等全局性地图。"LRO 和 LCROSS 于 2009 年 6 月一起发射，LRO 的任务是"绘制月球表面图，并经过一年的探索后延长以继续绘制地图。LCROSS 任务的主要任务目标是与 LRO 一起进行的，确认月球两极附近永久阴影的陨石坑中是否存在水冰。因此，LCROSS 任务使用了从"克莱门汀"号探测器和 LP 任务中获得的信息。LADEE 任务于 2013 年 9 月发射，并于 2014 年 4 月撞击月球表面，该任务的目的是完成绕月飞行，并收集有关月球大气、月表附近环境以及月尘对环境的影响等详细信息①。

▌ 5.5 火星任务

NASA 开展对火星的研究已超过了 40 年，做出了巨大的人员和经费的投入，以下是各次科学探测任务的要点。

NASA 首次成功登陆火星的任务是"海盗"（Viking）号任务，该任务于 1975 年 8 月发射成功，包括"海盗" 1 号和"海盗" 2 号两个探测器，任务目标是拍摄火星表面的高分辨率图像，表征火星大气层和表面的结构和组成，并寻找生命存在的证据。"经过精心规划，该探测器于 1976 年 7 月 4 日降落在火星上，以庆祝美国独立 200 周年②。

1996 年 11 月，NASA 启动了"火星全球探测器"（Mars Global Surveyor）任务，这是一项火星全球测绘任务，需对整个火星进行全面探测，该任务有助于实

---

① NASA, LCROSS, "探月者"任务, http://www.nasa.gov/mission_pages/LCROSS/searchforwater/lunar_prospector.html.
NASA, 月球侦察轨道器, LRO 概述, http://www.nasa.gov/mission_pages/LRO/overview/index.html.
NASA, 月球火山口观测感应卫星, LCROSS 概述, http://www.nasa.gov/mission_pages/LCROSS/overview/index.html.
NASA, 月球大气尘埃环境探测器, http://www.nasa.gov/mission_pages/ladee/main/index.htm 和 http://www.nasa.gov/mission_pages/ladee/launch/index.html#.VOkwr_nF – So.
② Viking 1 号, NASA 太阳系探测, http://solarsystem.nasa.gov/missions/profile.cfm? Sort = Alpha&Letter = V&Alias = Viking%2001.

现火星探测计划的四个主要科学目标，即确定在火星上是否出现过生命、表征火星气候、表征火星地质以及为载人登陆火星做准备。该探测器于 2006 年 11 月停止工作①。

NASA 在其探索项目（Discovery Program）中的第二项任务是"火星探路者"（Mars Pathfinder）任务，于 1996 年 12 月启动，并于 1998 年 9 月结束。该任务设计目标是对能以经济有效的方式将着陆器和可自由行走的火星车，运送到火星表面所必需的技术进行验证②。

2001 年 4 月，NASA 发起了 2001 年"火星奥德赛"（Mars Odyssey）任务，也是 NASA 火星探索项目的一部分。为实现前面提到的火星探测项目的四个主要科学目标，并达到确定火星可居住性的特定目标，Odyssey 任务也设计了五个科学目标：绘制火星全球地表元素组成、确定浅层地下氢的丰度、获取表面矿物质的高光谱分辨率图像、提供有关火星表面形态的信息以及表征近火空间的辐射环境③。

NASA 的双子地质探测机器人——"勇气"号（Spirit）和"机遇"号（Opportunity）火星车（Mars exploration rovers，MER），分别于 2003 年 6 月 10 日和 7 月 7 日向火星成功发射，以寻找有关火星历史上是否存在过水的证据。MER 任务的主要科学目标之一就是寻找和表征各种岩石和土壤，它们为火星上过去是否存在过水的活动提供了线索。MER 的任务也是 NASA 火星探索项目的一部分。

这些火星车对火星上的各种景观进行了展示，它们神奇地复苏、唤醒吸引了公众的注意，并以非凡的方式引起了人们对火星的兴趣④。

2005 年 8 月，NASA 实施了"火星侦察轨道器"（Mars Reconnaissance Orbiter，MRO）任务，任务目标是寻找证明水曾经在火星表面长期存在的证据⑤。

作为火星探索项目的一部分，NASA 的"凤凰"号（Phoenix）任务于 2007 年

---

① 概述，NASA"火星全球"探测器，http：//mars. jpl. nasa. gov/mgs/overview/.

② 概述，NASA"火星探路者"，https：//www. nasa. gov/mission_pages/mars – pathfinder/index. html.

③ 目标，2001 年，NASA"火星奥德赛"，http：//mars. jpl. nasa. gov/odyssey/mission/science/objectives.

④ 概括，NASA 火星探测车，http：//mars. nasa. gov/mer/overview.

⑤ 任务概述，NASA，MROhttp：//www. nasa. gov/mission_pages/MRO/mission/index. html#. VO5ZcS6sjEY.

8 月成功发射，任务目标有两个：研究火星北极存在水的历史、寻找可居住区域的证据，并评估冰土边界的生物潜力。"凤凰"号火星着陆器于 2010 年 5 月停止工作①。

NASA 于 2013 年 11 月实施了"火星大气与挥发性演变"（Mars Atmosphere and Volatile Evolution，MAVEN）任务，以探索火星的高层大气、电离层以及与太阳和太阳风的相互作用关系②。"

搭载有"好奇"号（Curiosity）火星车的"火星科学实验"号（Mars Science Laboratory，MSL）探测器于 2011 年 11 月 26 日发射，并于 2012 年 8 月 6 日成功着陆，"好奇"号火星车的任务是调查火星上的自然条件是否有利于微生物的生存，并保留岩石中有关可能的线索③。

NASA 最近的火星任务称为"洞察"号（Interior Exploration using Seismic Investigations，Geodesy and Heat Transport，InSight）探测器，这个缩略语的含义是指借助地震调查、大地测量学和热传输进行的内部勘探，如图 5.2 所示。这项任务是 2016 年 NASA 探索项目的一部分，该项目计划在火星上放置一个简单的地质着陆器，以研究其深层内部情况。"洞察"号着陆器是一个类地行星探测器，它是为了解 40 亿年前内太阳系（包括地球）岩石行星的形成过程开辟通道。该任务有两个科学目标，即掌握"通过研究火星的内部结构和演变过程来了解类地行星的形成和演化"，并确定"目前火星上的地质活动水平和陨石撞击率"，其主要任务于 2018 年 9 月结束④。

---

① 亚利桑那大学，"凤凰"号火星任务，http://phoenix. lpl. arizona. edu/index. php.

② MAVEN：关于火星气候历史的答案，NASA，MAVEN，http://www. nasa. gov/mission_pages/maven/overview/index. html#. VO5p9i6sjEY.

③ "火星车的主要任务是找出火星是否适合或适合生活，另一个目标是进一步了解红色星球的环境。"伊丽莎白·豪威尔（Elizabeth Howell），"火星好奇"号：事实与信息，Space.com（2014 年 12 月 16 日），在线：Space.com http://www. space. com/17963 – mars – curiosity. html.

④ NASA Facts："洞察"号……关于类地行星的早期演化，JPL 400 – 1513，Rev 26/13（帕萨迪纳，加州：喷气推进实验室，加州理工学院），网址：NASA http://insight. jpl. nasa. gov//docs/InSight_NASA_fact_sheet_rev3_June_2013_ FC. pdf.

图 5.2　"洞察"号火星着陆器进行最后的组装（插图由 NASA 提供）（书后附彩插）

目前 NASA 已经执行了"火星 2020"任务，这是 NASA 火星探索项目的一部分，它将在"好奇"号火星车和"勇气"号火星车以及"机遇"号火星车科学发现的基础上，采取下一步关键步骤来理解火星作为过去或现在生命栖息地的潜力。新的"火星 2020"探测车任务目标是寻找火星上过去存在生命的迹象，收集并储存一套土壤和岩石样本，以便在未来运送回地球，并验证有利于未来机器人和人类探索火星的新技术。这些功能也可以支持今后可能涉及建立人类栖息地或进行火星采矿作业的尝试[①]。

5.6　NASA 小行星任务

第一个绕小行星轨道运行的任务以及第一个在小行星表面着陆的任务是 NASA 的近地小行星交会对接任务，被称为"鞋匠（Shoemaker）"的 NEAR 任务。NEAR 任务于 1996 年 2 月成功发射，主要任务是研究"爱神"星（NEA 433 Eros）。这次任务的主要科学目标是传回关于爱神星的体积性质、组成、矿物、

---

① NASA，NASA Facts：使命概念：火星 2020（2013 年 10 月），网址：NASA http://mars. jpl. nasa. gov/mars2020/files/mars2020/ FINAL_Mars_2020_handout_10 - 7 - 13. pdf.

形态、内部质量分布和磁场的数据，该任务于 2001 年 2 月结束①。

在 2016 年年底，NASA 成功发射"原始光谱解释资源识别安全 – 风化层勘探"探测器（Origins Spectral Interpretation Resource Identification Security – Regolith Explorer，OSIRIS – REx）。按照任务计划，OSIRIS – REx 探测器需前往 1 颗名为 Bennu（以前称 1999 RQ36）的近地小行星，并携带至少 2.1 盎司（1 盎司 = 28.35 克）的样本返回地球进行研究②。

1999 年 2 月，NASA 发射了"星尘（Stardust）"号探测器，这是美国第一次专门针对一颗彗星进行探测的任务。"星尘"号探测器的主要任务目标是从"维尔特"2 号（wild – 2）彗星上获取样本。在样本从"维尔特"2 号彗星返回后，2011 年 2 月"星尘"号探测器的后续任务为飞越"坦普尔"1 号（Tempel Ⅰ）彗星，并有一个新的任务名称，即"星尘 – NExT"（Stardust – New Exploration of Tempe，Stardust – NExT)③。

2005 年 1 月，NASA 发射了联合深度撞击（Deep Impact）探测器，它的目标也是"坦普尔"1 号彗星④。深度撞击任务是第一个探测彗星表面之下并揭示其内部秘密的太空任务。深度撞击探测器对其他天体目标的探测补充任务称为 EP-OXI。2007 年 11 月 1 日，探测器朝着另一颗彗星"哈特利"2 号飞去，该探测器也用作测试平台，在距离地球 3 200 万公里的距离进行容错网络传输，解决长延迟通信信号传输问题也是小行星采矿至关重要的关键技术之一。

2013 年 9 月 19 日，由于计算机故障，该任务结束。这个探测器本来是要发射推进器，以（163249）2002 GT（一颗近地小行星）为目标，希望在 2020 年拦截它并开展研究。最终 Stardust – NExT 任务通过深度撞击任务延长了对"坦普尔"1 号彗星的调查，但近地小行星拦截任务并未完成。

1998 年 12 月，NASA 发射了亚毫米波天文卫星（Submillimeter Wave Astronomy Satellite，SWAS），其主要目标是"在各种银河系恒星形成区域观测水、分子

---

① NEAR – "鞋匠"，NASA science，NASA，http://science. nasa. gov/missions/near.

② OSIRIS – REx，NASA http://www. nasa. gov/mission_pages/osiris – rex/index. html#. VO – Ujy6sjEY.

③ "星尘 – 继"任务概述，NASA，http://www. nasa. gov/mission_pages/stardust/ mission/index. html.

④ Deep Impact：彗星任务，NASA，http://www. nasa. gov/mission_pages/deepimpact/mission/index. html #. VN_aHfnF – So.

氧、碳和同位素—氧化碳的排放。"SWAS 任务对"深度撞击"任务给予了很大支持①。

5.7 评估过去半个世纪美国太空任务的广泛影响

美国在过去半个世纪开展的深空探测任务为理解宇宙的本质做出了巨大贡献，其中一些已经与国防部或其他机构合作，如国家科学基金会（National Science Foundation，NSF）。这些活动揭示了关于月球、所有行星和一些卫星、小行星和彗星，以及更遥远的恒星系统和系外行星的丰富信息。在这一过程中，美国的空间活动对空间发射和推进、航天飞机、卫星通信、遥感、空间制导导航与控制等的技术发展产生了很大推动作用。美国的深空探测任务揭示了在空间辐射、日冕物质抛射、行星和卫星的磁性特征，以及太阳系行星系统的化学、土壤组成、内部物理和生物化学等方面的重要发现。所有的技术和研究成果都可以在世界各地的网站和工业界广泛获得，这确实为许多新的太空冒险活动提供通向未来的有效途径。简而言之，各种各样的美国政府空间活动——特别是 NASA 的活动——为行星资源公司、深空工业公司、沙克尔顿能源公司、月球快车公司，以及世界各地其他以新兴的商业空间公司或政府空间活动和任务的形式涌现出的新企业创造了重要的知识基础。正如我们将在下面看到的，许多国家都在空间科学和深空探测方面提供了大量的信息，但是美国的深空探测项目提供了无与伦比的数据和科学发现。

下面的内容将评估其中一些活动的重要性。

5.8 空间望远镜的科学发现

"哈勃"号（Hubble）空间望远镜是第一个观测太阳系外行星大气层的探测器，它证实了某颗特殊系外行星大气中含有钠、氢、氧、碳、硅、水蒸气、甲烷

---

① SWAS，哈佛大学，https://www.cfa.harvard.edu/swas/swas.html。

和二氧化碳。"哈勃"号空间望远镜首次在木星大小的系外行星大气层中发现了有机分子。它还证实了另外四颗系外行星存在水蒸气，这四颗行星分别是 WASP – 17b、WASP – 12b、WASP – 19b 和XO – 1b。在太阳系外行星 WASP – 12b 的大气层中，"哈勃"号空间望远镜发现了各种各样的化学元素，包括铝、锡、镁、钠、锰、镱、钪和钒[①]。在太阳系中，它使我们能够进行一系列大范围的科学发现，如发现冥王星的四颗新卫星。随着"詹姆斯 – 韦伯"号（James Webb）空间望远镜的部署，在不久的将来，我们将以前所未有的精度和分辨率观测到近地小行星等天体。

"开普勒"号探测器距今已发现了约 10 000 颗已确认的行星、候选行星或可能产生行星的恒星系统，并为发现创纪录数量的系外行星打开了大门[②]。

■ 5.9　关于月球的有用信息

从"克莱门汀"号探测任务中获得的数据，使绘制月球地壳岩石类型的全球地图，以及首次详细勘察月球极区和月球背面地质情况成为可能。它还提供了月球环形山存在水冰的重要证据。对 LP 任务的中子数据分析证明了氢的存在，在月球的两极，至少一些增强的氢沉积最有可能以水分子的形式存在[③]。

LRO 和 LCROSS 在月球上的某些区域发现了水和氢存在的证据。这两项任务发现了证据，证明在阴暗的环形山内的月球土壤富含有用的物质，月球的化学成分非常活跃，并且有一个水循环。

这些任务还证实，在一些区域水主要是以纯冰晶的形式存在。研究人员确定，LCROSS 探测器撞击产生的物质中有多达 20% 是挥发性物质，包括甲烷、氨、氢气、二氧化碳和一氧化碳。这些任务还证实了存在大量的金属，如钠、汞，甚至可能包括银[④]。

---

① 发现更远的行星，Hubble Discoveries, Hubblesite, http://hubblesite. org/hubble_discoveries/discovering_planets_ beyond/alien – atmospheres.

② 开普勒发现，KeplerNASA, http:// kepler. nasa. gov/Mission/discoveries.

③ "克莱门蒂"号任务，http://www.lpi. usra. edu/lunar/missions/clementine/.

④ 月球上的冰，http://nssdc. gsfc. nasa. gov/ planetary/ice/ice_moon. html.

LRO 和 LCROSS 的任务得出这样的结论：月球地质大致可以分为这两类——钙铝含量丰富的斜长石高原和玄武岩月海。这些月海或者说巨大的撞击盆地充满了凝固的熔岩流，富含铁和镁。LRO 任务进一步证实了大多数月球地形的特征与这两大类别的特征一致。在月球周围的一些地方检测到含钾的高硅矿物，如石英、富钾长石和富钠长石①。

最后，NASA 的 LADEE 任务证实了月球表面存在着或多或少稳定的微流星体颗粒雨，"在稀薄的月球大气中主要的气体种类是氦、氖和氩，"尤其是氩 – 40，"来自自然产生的放射性钾 – 40 的衰变，钾 – 40 是所有类地行星岩石中形成时的残留物。"此外，研究人员还监测了两种次要元素，即钠和钾，进一步证实了稀少而又宝贵的氦 – 3 的存在②。

■ 5. 10　与行星体有关的发现

"先驱者" 10 号探测器任务确认了木星主要是一颗液态行星。它还测量了木星的磁层、辐射带、磁场、大气和内部结构。"先驱者" 10 号探测器在木星的一颗卫星（被称为 IO，即木卫一）上发现了活火山，显然，硫、氧和钠都是由这些火山释放出来的。另一颗卫星（被称为 Europa，即木卫二）被认为有一层薄薄的冰外壳。与 NASA "伽利略" 号探测器相关的重大自然资源发现包括，木卫二冰冷的表面下存在液态水海洋的一些证据，以及木星卫星木卫四、木卫三、木卫二和木卫一上存在有机化合物的证据③。

至于土星，"旅行者" 号探测器发现，在土星的卫星土卫六上，通过光化学作用将大气中的甲烷转化为其他有机分子，如乙烷，而乙烷聚集在湖泊或海洋

---

① 同①。

② LADEE 项目科学家最新消息：遗产依然存在！https://www.nasa.gov/ames/ladeeproject – scientist – update – the – legacy – lives – on/.

③ "先驱者" 10 号和 "先驱者" 11 号（2007 年 3 月 26 日），网址：任务档案，NASA http://www.nasa.gov/centers/ames/missions/archive/pioneer10 – 11.html，见 "先驱者" 号，Program，喷气推进实验室，http://space.jpl.nasa.gov/msl/Programs/pioneer.html，见 "伽利略" 任务，Solar System Exploration，NASA http://solarsystem.nasa.gov/missions/profile.cfm? Sort = Chron&MCode = Galileo&StartYear = 1980&EndYear = 1989&Display = ReadMore.

中。研究人员还发现，在土卫六中，烟雾颗粒可能是由更复杂的碳氢化合物形成的。"卡西尼－惠更斯"号土星探测任务发现了关于土星及其两颗卫星土卫六和土卫二的大量事实。根据"卡西尼"号探测结果发现土卫二有一个液态水的地下海洋。此前，"卡西尼－惠更斯"号探测器任务"直接采集了从土卫二喷射到太空的水柱"，这是迄今为止在土卫二的冰壳下存在大规模盐水水库的最有力证据①。也许最引人注目的是"卡西尼"号探测器观测到的"尼罗河的微型外星版本"，这似乎是土卫六上的一条河谷，从它的"源头"延伸到大海，全长400多公里。早些时候，在土卫六上发现了充满液态甲烷和乙烷的海洋、充满液态甲烷的湖泊和巨大的潮汐。这次大规模的潮汐发现表明海洋是液态的——很有可能是水在海面下旋转。研究人员还发现，土卫六的液态碳氢化合物是地球上所有已知石油和天然气储量的数百倍②。

"水手"2号探测器是美国首次探测金星的任务，它揭示了这颗行星有低温的云层和极热的表面。"水手"5号探测器揭示了关于金星大气层的新信息，包括85%～99%的二氧化碳成分。"水手"10号探测器是第一个访问两颗行星的探测器，也是第一个访问水星的探测器，它收集了关于金星的重要科学数据。尤其是"水手"10号的探测结果表明，在金星的大气层中存在Hadley型环流。"先锋"12号探测器传回了金星云层、大气和电离层的全球地图、大气－太阳风相互作用的探测数据以及93%行星表面的雷达地图。"先驱者"13号探测器的任务重点研究了大气成分、上层大气的组成和金星的云粒子。其中，"麦哲伦"号任务的一个重要科学发现是，金星的表面大部分被火山物质覆盖，火山的表面特征，如广阔的熔岩平原、小型熔岩穹田和大型盾状火山是常见的。

"水手"10号探测器的任务证实了水星没有大气层，图像中显示了一个像月球一样的火山口。水星有一个相对较大的富含铁的内核。正在进行的"信使"

①　欧洲航天局，新闻，"卡西尼"号对"土卫"二水羽的冰冻喷雾进行采样（2011年6月22日），欧洲航天局，http://www.esa.int/Our_Activities/Space_Science/Cassini－.

②　欧洲航天局，新闻，"卡西尼"号在土星卫星上发现迷你尼罗河（2012年12月12日），在线：欧洲航天局，http://www.esa.int/Our_Activities/Space_Science/Cassini_spots_mini_Nile_River_on_Saturn_moon.

号任务发现了在水星两极的永久阴影坑中存在水冰和其他冰冻易挥发物质的证据①。

"旅行者" 2 号探测器拍摄的照片显示，海王星最大的卫星海卫一（Triton）上发生了类似间歇泉似（Geyser – like）的活跃喷发现象，"向稀薄的大气层喷射出数英里（公里）的看不见的氮气和黑色尘埃粒子。"在海卫一中，氮冰粒子可能在地表几公里以上形成薄云。

5.11　火星探测项目

"水手" 4 号探测器是美国第一个近距离观测火星的深空探测器，它发现火星具有坑洼的锈色表面，某些部分好似还有液态水曾经侵蚀土壤的迹象；"水手" 6 号和 "水手" 7 号探测器则观测到火星上存在坑洼的沙漠以及没有陨石坑的洼地，巨大的同心阶梯状撞击区和塌陷的山脊。从 "水手" 9 号探测器传回的图片中，可以看到河床、陨石坑、巨大的死火山以及峡谷，它还发现了风和水侵蚀与沉积的证据，锋面天气以及雾等，这些科学发现为 "海盗" 号任务奠定了基础②。

NASA 的 "海盗" 号探测器任务提供了大量的对火星性质与历史的新见解，展现出火星在稀薄而且干燥的二氧化碳环境下带有寒冷风化的表面与红色火山岩土壤的生动整体图景，清晰地表明存在过古老地河床与大量的流水，但是没有检测到地震活动。该项任务没有发现火星上存在生命的痕迹，但是发现了碳、氮、氢、氧和磷等对地球上的生命至关重要的元素③。

NASA 的 "火星全球勘探者" 任务也有许多的发现，包括一些古老的痕迹、曾经反复出现的水（如一个古代的三角洲）以及峡谷壁沟中目前仍存在活跃的

---

① "水手" 10 号，Solar System Exploration，NASA，http://solarsystem. nasa. gov/missions/profile. cfm? MCode = Mariner_10&Display = ReadMore。

② "水手" 任务，NASA，http://science1. nasa. gov/missions/mariner – missions

③ 海盗 01，太阳系探索，NASA，http://solarsystem. nasa. gov/missions/ profile. cfm? Sort = Alpha&Letter = V&Alias = Viking%2001.

水的特征①。

从"火星探路者"任务中可以发现，火星过去曾一度温暖潮湿，存在液态水，并且有着较厚的大气层②。

2001 年，"火星奥德赛"任务绘制了组成火星表面的化学元素和矿物质的数量和分布，氢元素的分布图使科学家们在火星极区的地表下发现了大量的水冰③。

火星双子漫游车——"勇气"号与"机遇"号还有许多新的发现，包括发现了通常在水中才会形成的矿物——赤铁矿；找到了主要化学物质（镁和铁的碳酸盐）含量是以前研究过的任何其他火星岩石 10 倍的新岩石；发现了纯度为 90% 的硅石，这种硅石在地球上存在于温泉或热蒸汽喷口中；还发现了岩石中的浅色石膏脉，这种石膏脉可能是当水从岩石中的地下裂缝中流淌而留下钙时形成的；同时，最令人瞩目的关于火星过去存在水的迹象是在中性 pH 值水中形成的黏土矿物④。

火星侦察轨道器的重要科学发现包括古老的火星湖泊和地震的迹象，可能存在的水流痕迹，古湖泊环境中碳酸盐形成的证据以及火星上的二氧化碳降雪的证据⑤。

"凤凰"号火星着陆器发现了一个浅层冰盖，并且注意到水（冰）、蒸汽与含有碳酸钙、矿物质水溶液和盐分的碱性土壤在不停地相互作用。"凤凰"号还检测到了碳酸钙、高氯酸盐（ClO_4^-）、氯化物、碳酸氢盐和硫酸盐⑥。

---

① 概述，火星全球探测器，NASA，http：//mars. jpl. nasa. gov/mgs/overview/。要了解更多关于火星全球勘测者任务的顶级发现，另请参阅 NASA，"NASA 火星全球勘测者任务亮点"（2007 年 4 月 13 日），火星全球勘测者，NASA，http://www. nasa. gov/mission_pages/mgs/mgs – 20070413a. html#. VO0VgS6sjEY.

② 概述，火星探路者，NASA，http://www. nasa. gov/mission_pages/mars – pathfinder/index. html.

③ 科学，2001 火星奥德赛，NASA，http：//mars. jpl. nasa. gov/odyssey/mission/science/.

④ Science Highlights, Mars Exploration, NASA http://mars. jpl. nasa. gov/mer10/sciencehighlights. 科学亮点，火星探索，NASA，http://mars. jpl. nasa. gov/mer10/sciencehighlights.

⑤ "NASA Orbiter Observations Point to 'Dry Ice' Snowfall on Mars"（11 September 2012），online：Mars Reconnaissance Orbiter, NASA http://www. nasa. gov/mission_pages/MRO/news/mro20120911. html.
"NASA 轨道器观测指出火星上的"干冰"降雪"（2012 年 9 月 11 日），在线：NASA 火星勘测轨道器，http://www. nasa. gov/mission/u pages/MRO/news/mro20120911. html.

⑥ MH Hecht et al, "Detection of Perchlorate and the Soluble Chemistry of Martian Soil at the Phoenix Lander Site"（2009）325：5936 Science 64. MH Hecht 等，"凤凰"号着陆器现场火星土壤高氯酸盐和可溶性化学的检测（2009）325：5936，Science 64。

"好奇"号火星探测器（图 5.3）完成了它寻找火星过去环境证据的主要目标，这种环境非常适合支持微生物的生命活动。在着陆后的最初几周，来自巡视器拍摄的图像显示"好奇"号降落在了一个曾经有水剧烈冲刷过的地表。在探测器接近夏普山的底部时，它发现沉积岩与连续的三角洲沉积物相吻合，而沉积岩越往南（朝向山），海拔就越高，这说明这座山现在所处的位置以前是一个湖泊或是一系列湖泊。巡视器发现了一条古老的溪流，分析的第一个钻探样品出自一个名叫"约翰·克莱因（John Klein）"的目标岩石，并提供了火星的早期历史中存在有利于生命存活条件的证据：存在持续液态水的地质和矿物学证据，生命存在的其他关键元素，存在化学的能量源，水不是太酸或太咸。后来还对另一个名为"坎伯兰（Cumberland）"的目标岩石进行了分析，首次明确探测到火星表面物质中的所有火星有机化学物质，而有机化学物质是构成生命的分子基础，包括碳与常见的氢[①]。

图 5.3　"好奇"号火星探测器（插图由 NASA 提供）（书后附彩插）

5.12　彗星与小行星探测任务

近地小行星交会对接"鞋匠"号（NEAR – Shoemaker）探测任务使科学家

---

① Mike Wall, "Wow! Ancient Mars Could Have Supported Primitive Life, NASA Says", Space. com (12 March 2013), Also see: Space. com http://www.space.com/20182 – ancient – mars – microbes – curiosity – rover. htm.
麦克·沃尔，"哇! NASA 说，远古火星可能支持原始生命"，太空网（2013 年 3 月 12 日），另见：太空网，http://www.space.com/20182 – ancient – mars – microbes – curiosity – rover. htm.

确认，小行星"爱神（Eros）"星不是如瓦砾堆般松散碎片的结合体，而是坚固的物体①。

"星尘"号探测器是第一个从月球轨道外带回外星物质的探测器，从获取的"维尔特"2 号（Wild 2）彗星样本中发现了甘氨酸，这是生命的基本组成成分，还有富含镁、钙、铝和钛的高温矿物质②。

在自然资源方面，"深度撞击"任务包括 EPOXI 任务的关键发现之一是彗尾包含干冰和水。

NASA 最近的一次探索谷神星（Ceres）和灶神星（Vesta）的探测任务，目的是更好地了解小行星的形成、组成和性质。在将近十年的任务中，"黎明（Dawn）"号小行星探测器将详细研究小行星灶神星、矮行星和谷神星。这些小天体被认为在太阳系历史的早期就已经积聚，该类任务将用于表征早期的太阳系及其形成过程。

当前的理论是，在太阳系形成的初期，太阳星云中的物质会随着它们与太阳距离的变化而发生巨大的变化，距离越远温度越低，于是靠近太阳的物质形成了陆地天体，而远离太阳的形成了冰冻天体。

选择小行星灶神星和最近分类为矮行星的谷神星是因为它们与太阳的距离相近但却发育成了两种不同的天体。灶神星是干燥且不同的星体，其表面有翻新的痕迹，它像地球一样类似于内太阳系的岩石体。相反，谷神星却有着含水矿物的原始表面，并且可能具有较弱的大气，它似乎与外太阳系的大型冰卫星有许多相似之处。"黎明"号小行星探测器任务的结果有助于解释存在的这些巨大差异，以及为什么会产生这些差异③。

①　NEAR – Shoemaker, NASA Science, NASA http://science. nasa. gov/missions/near/. 近地小行星交会探测器："舒梅克"号，NASA 科学，NASA，http://science. nasa. gov/missions/near/.

②　NASA, News Release, 06 – 091, "NASA's Stardust Findings May Alter View of Comet Formation"（13 March 2006）, online: Newsroom, NASA, http://stardust. jpl. nasa. gov/news/status/060313. html. NASA, 新闻稿，06 – 091，"NASA 的星尘发现可能改变彗星形成的观点"（2006 年 3 月 13 日），在线：NASA 新闻编辑室，http://stardust. jpl. nasa. gov/news/status/060313. html.

③　Dawn Mission Overview http://www. nasa. gov/mission_pages/dawn/mission/index. html. "黎明"号任务概述，http://www. nasa. gov/mission_pages/dawn/mission/index. html.

5.13　与太空采矿相关的未来的空间探索技术

美国空间计划可能会对未来太空采矿活动做出的最大贡献，是提供更多更好的关于近地小行星监测、运行轨道地图绘制以及这些天体的化学与物理特性方面的信息。人类越来越担心这些由潜在危险小行星（PHAs）所引起的宇宙危害，这些担忧可能会加速对小行星的研究与探索。由 B612 基金会负责的"哨兵"项目、由 NASA 提出的 NEOCAM 项目，以詹姆斯·韦伯太空望远镜为代表的一些扩展功能，以及用于发现潜在危险小行星的其他功能（如加拿大红外望远镜），都可以对未来的小行星采矿活动提供支持。

5.14　小结

显然，由 NASA 领导的美国国家空间计划已有 50 余年的历史，这为了解月球、小行星、彗星和行星体的化学与物理组成的信息，奠定了广阔而系统的基础。这些信息证实了太空中存在着大量的挥发物、贵重金属和稀土金属，这些金属越来越难以在地球上进行定位和经济开采。半个世纪以来，包括 NASA 与其他数百个美国研究机构所积累的大量信息，现已经建立起了对太空采矿这种新行业提供成果有效利用的基础。NASA 借助空间法协议，使得"月球催化剂（Lunar Catalyst）"计划、与机器人采矿相关的设计和工程竞赛、远程机器人、遥操作和高延迟通信和网络系统、精密空间导航和制导系统等，均可以提供重要的新信息的帮助。

在开展此类活动之前，许多法律法规和政策问题尚未得到解决。随着这些问题在未来十年内得到解决，在美国国家航空航天局（NASA）、俄罗斯宇航局（Roscosmos）、欧空局（ESA）、法国国家太空研究中心（Centre National d'Etudes Spatiales，CNES）、德国宇航局（Deutsches Zentrum für Luft – und Raumfahrt，DLR）、日本航天局（JAXA）、中国国家航天局（China National Space Administration，CNSA）、印度航天研究组织（The Indian Space Research Organization，ISRO）、加拿大航天局（CSA）以及世界其他地区的空间机构的空间计划共同支持下，相关科学、工程、技术的研究成果必将继续向前发展。

第6章

美国私营公司太空开采倡议和政策

在过去的十五年中，活力十足的所谓"新航天"产业的发展，重新定义了私营航天和国家航天计划的各自作用。私营公司的业务方向为商业航天企业可以提供哪种类型的空间服务开辟了新的视野，并为太空服务与系统提供了新的技术和操作方法。除了各种各样的新的商业航天公司之外，新的组织机构也出现了。在这些新机构中，最主要的是商业太空飞行联合会（Commercial Spaceflight Federation，CSF），该团体在商业太空飞行公司、太空港以及其他寻求开展新的太空业务的机构中拥有大量的成员。

这些新的空间计划还有助于改变美国监管机构对控制、许可和鼓励商业航天创新公司的态度，美国国会通过并签署了称为法律的各种"空间法案"，在很大程度上促进了新兴商业航天企业的发展。目前，美国联邦航空局商业太空运输办公室（Federal Aviation Administration Office of Commercial Space Transportation，FAA – AST）担当着商业航天安全监管者和鼓励新兴商业航天公司的双重角色。

目前，NASA还依靠商用飞行器进入国际空间站，并签署了新的运载工具与载人飞船的合同用于宇航员的天地往返，商业公司还开发了航天飞机来为游客提供亚轨道的旅行体验。一些用于发射卫星甚至可以将人送入太空以及部署私人空间居住系统的商用航天器目前也在研制中，此外正在研发的还有用于为航天器补充燃料并提供服务甚至用于主动清除轨道上空间碎片的机器人，这其中的一些系统还可以部署为反卫星武器。而且美国国防部，特别是其国防高级研究计划局（Department of Defense and especially its Defense Advanced Research Projects Agency，DARPA），在发展空间新能力方面起着关键作用，经常与私人商业航天公司合作。

民营航天与国家航天项目之间的巨大转变以及民营航天的迅速崛起（也称为新航天运动），这些是在美国率先推动的。本章探讨了已经启动的许多新的空间计划，这些主要是在过去十五年内由美国新兴的航天创业公司所计划的，各种新兴航天公司正在逐步成立，它们将会进行太空采矿和从地外天体上获取自然资源等活动。最后，本章分析了正在规划中的方案，以及美国航天事业的新的伟大目标，包括民营航天公司与国家航天机构建立灵活的伙伴关系，还有努力为他们的业务建立一个开放和宽松的监管环境，并力求使它们能够在最低限度的监管监督下开展工作，除确保业务安全外，对现有空间法、条约和公约的解释也非常自由，几乎没有其他限制。

6.1　美国新的空间活动迅速增加

一些美国企业家正在开发新的空间项目，目标是在未来十年内尽快实施太空采矿。这些美国民营航天的企业家坚信，私营企业将在新的航天计划中发挥重要作用，他们决心成为真正实现这一目标的先驱，并主张由私营企业带头，让政府发挥的作用受到一定的限制。其中一些个人及其公司曾经大力支持私营企业积极参与空间活动，这些空间和"原空间"项目包括零重力飞行、亚轨道空间旅游飞行、平流层气球飞行、用于各种应用的高空平台系统，以及用于空间居住和国际空间站的私人宇航员飞行等活动。这些私营企业最近发起的旨在开发空间自然资源的倡议，在很大程度上是它们早先"私有化"空间活动的逻辑思维延伸。

中短期时间内，这些私营企业可能无法提供用于太空采矿企业所需的空间探测和开发利用所需要的技术。因此，他们试图让美国政府帮助他们研发新技术。首先要建立新的机制，如商业太空飞行联合会（CSF），来加强企业的发言权；同时民营企业鼓励 NASA 和美国联邦航空管理局（FAA）赞助竞赛，拿出奖金来刺激新的商业航天能力。他们的愿望是尽可能多地开展这些新的航天活动，如太空采矿和空间运输，尽可能快地建立起商业机制，并尽可能少地由政府参与和监管。

尽管有这些愿景，但他们还是认识到，与政府主导的航天企业、研究机构以及国家和国际管理组织的合作关系仍然是必要的。他们也清楚地明白，巨大的成本、对某些技术能力的需要、风险管理和国际管制最终可能需要政府在国家层面以及在国际空间治理领域进行合作。

然而在美国，这一现象目前主要局限于国家行为，这些新的商业航天企业家及其航天开采企业的作用和发言权，正在国会和美国联邦政府内部不断增加，至少在政府主导的航天政策方面是如此。这些个人和相关的新航天企业通常可以获得大量的金融资本，并以各种方式对政府最近采取的航天政策产生显著影响。简而言之，它们影响了国会议员和工作人员以及各行政部门甚至地方政府官员的思维定势。

最近几项由私人主导的倡议包括下述几项：

（1）X Prize 大奖（建造一艘私人的、可重复使用的载人飞船，这将预示着商业太空飞行的新时代)[1]。

（2）谷歌月球 X Prize 大奖赛（送一个机器人上月球，并执行一系列任务）。

（3）SpaceX 航天项目（开发第一个私营商业发射系统)[2]。

（4）毕格罗航天项目（该项目旨在低地球轨道展开一个可充气舱体模块，成为未来的空间居住舱)[3]。

NASA 和 FAA 越来越支持新的私人商业空间计划。例如，NASA 在 2006 年年底与红色星球资本公司（RedPlanet Capital）投资了 7 500 万美元，建立了一个合资企业，旨在开发帮助 NASA 研究登陆火星任务的技术。支持私人太空计划的目的是寻找那些技术能在地球上，甚至太空中有重大突破的公司[4]。NASA 还开始

---

① X Prize 大奖的模仿对象是 1919 年授予首位可以不间断穿越大西洋的飞行员的 Orteig 奖。查尔斯·林德伯格（Charles Lindbergh）在 1927 年赢得了价格。请在线查看 X - Prize 基金会：http://www. xprize. org/（访问日期：2013 年 3 月 13 日）。维珍银河（Virgin Galactic）推出世界上第一艘载人商业飞船 SpaceShipTwo（2009 年 12 月 7 日）网址：维珍银河：http://www. virgingalactic. com/news/item/virgin - galactic - unveils - spaceshiptwo - the - worlds - first - com - mercial - manned - spaceship/（访问日期：2013 年 3 月 13 日）。

② 有关 SpaceX 公司的概述，请在线访问：SpaceX http://www. spacex. com/company. php（访问日期：2013 年 3 月 13 日）。

③ 乔治·纳普（George Knapp），最终的公私合营关系，《拉斯维加斯水星》（2004 年 7 月 8 日）网址：《拉斯维加斯水星》http://www. lasvegasmercury. com/2004/MERC - Jul - 08 - Thu - 2004/24250.

④ Stephen Foley，NASA 为火星任务寻求私人投资者的支持，《独立报》（英国）（2006 年 10 月 4 日）网址：独立报刊 http://www. independent. co. uk/news/business/news/nasa - seeks - private - investor - backing - for - mission - to - mars - 418648. html（访问日期：2013 年 3 月 13 日）。

了一系列奖励竞赛，以激励开发月球和火星着陆新技术，甚至开发设计和建造太空电梯的能力①。在过去的十年里，NASA 一直在寻求开发新的商业火箭，为国际空间站提供补给。第一步是开发商用可补给的货运飞船。第一次商业竞赛始于2006 年，由 SpaceX 和基斯特勒宇航公司（Kistler Aerospace）参与。当 Kistler 未能在最后期限前完成任务时，NASA 将项目移交到了轨道科学（Orbital Sciences，现在是 Orbital ATK）。这一发展商业轨道运输服务的努力演变成了 NASA 的一个项目，即研发建造商用太空舱和发射系统（不止是运载火箭），由 SpaceX 和波音公司根据两份价值数十亿美元的合同进行开发②。

　　FAA 商业空间运输办公室在国会的指导下，建立了授予商业亚轨道飞行试验许可证的管理程序，已经在许多方面试运行。更意义深远的是，美国联邦航空局批准了越来越多的美国商业航天港。美国已经获得许可的商业航天港的数量（加上目前正在等待许可批准的数量）远远超过世界其他地方的商业航天港。图 6.1 用深色点显示了获得完全许可的商业航天港，并标注了十几个正在等待州的许可批准的航天港③。

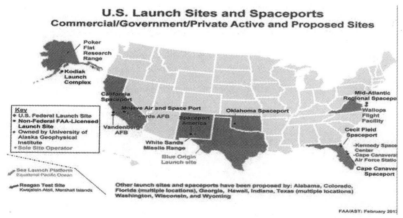

图 6.1 FAA 许可和待定的美国商业航天港（插图由 FAA 提供）（书后附彩插）

---

①　Graham Templeton，" 60 000 mile 以上：到 2035 年可以建造太空电梯"，Extreme Tech，2014 年 3 月 6 日：http://www.extremetech.com/extreme/176625-60000-miles-up-geostationary-space-电梯可能在 2035 年之前建成，说新的研究（访问日期：2015 年 8 月 16 日）。

②　NASA，波音公司，SpaceX 讨论了 2017 年从美国发射美国宇航员的计划：http://www.nasa.gov/.

③　美国获得 FAA 许可的商业太空港的图表 https://www.faa.gov/about/office_org/quarters_offices/ast/industry/media/Spaceport_Map_Feb_2013.pdf.

现在经 FAA 许可批准的试验性商业发射数量相当可观，而且还在迅速增加。因此，美国不仅有更多的商业航天港，而且其商业发射也比世界上其他任何地方都多。表 6.1 列出了 2008—2015 年给予商业发射创企的试验许可。除了获得试验许可的实际发射清单之外，还有十几家其他美国公司正处于开发商业发射装置或空间飞机的各个阶段。因此，在 2016—2018 年，试验许可下的商业发射可能会大幅增加。

表 6.1　2008—2015 年美国的试验性发射（信息由 FAA 提供）

日期	有效载荷	运载火箭	发射公司	发射场所
2015 年 4 月 29 日	无	New Shepard System	蓝色起源（Blue Origin）	得克萨斯州（Texas）
2014 年 10 月 31 日	无	SpaceShipTwo	Scaled Composites	加利福尼亚州（CA）
2014 年 8 月 22 日	不适用	Falcon 9 – R	Space X	得克萨斯州
2014 年 8 月 21 日	无	Falcon 9 – R	Space X	得克萨斯州
2014 年 6 月 17 日	无	Falcon 9 – R	Space X	得克萨斯州
2014 年 5 月 1 日	不适用	Falcon 9 – R	Space X	得克萨斯州
2014 年 4 月 17 日	不适用	Falcon 9 – R	Space X	得克萨斯州
2014 年 1 月 10 日	Flight PF03	SpaceShipTwo	Scaled Composites	加利福尼亚州
2013 年 10 月 7 日	750 M	Grasshopper	Space X	得克萨斯州
2013 年 9 月 5 日	Flight PF02	SpaceShipTwo	Scaled Composites	加利福尼亚州

续表

日期	有效载荷	运载火箭	发射公司	发射场所
2013 年 8 月 13 日	不适用	Grasshopper	Space X	得克萨斯州
2013 年 6 月 14 日	不适用	Grasshopper	Space X	得克萨斯州
2013 年 4 月 29 日	Flight PF01	SpaceShipTwo	Scaled Composites	加利福尼亚州
2013 年 4 月 19 日	不适用	Grasshopper	Space X	得克萨斯州
2013 年 3 月 7 日	不适用	Grasshopper	Space X	得克萨斯州
2012 年 12 月 17 日	不适用	Grasshopper	Space X	得克萨斯州
2012 年 11 月 1 日	无载荷	Grasshopper	Space X	得克萨斯州
2011 年 8 月 24 日	不适用	PM 2	Blue Origin	得克萨斯州
2011 年 6 月 6 日	不适用	PM 2	Blue Origin	得克萨斯州
2008 年 10 月 25 日	不适用	QUAD（Pixel）	犰狳航天 （Armadillo Aerospace）	新墨西哥州
2008 年 10 月 24 日	不适用	MOD - 1	犰狳航天 （Armadillo Aerospace）	新墨西哥州
2008 年 10 月 24 日	不适用	Ignignokt	ScottZeeb d/b/ a True Zer0	新墨西哥州

自 2000 年以来，美国广泛开展的商业航天活动包括开发高空平台系统、平流层气球系统、用于亚轨道飞行的空间飞机以及能够实现近地轨道及更远轨道的商业发射系统。这些新的空间项目是通信、遥感和卫星导航等领域商业空间活动的延伸。目前，出现了新的商业航天工业，如在轨服务、在轨补加和卫星改装，甚至商业监测和主动清除空间碎片，这些也主要是美国的进展。这些最新的进展不仅得到了 NASA 和 FAA – AST 的支持，而且得到了国防高级研究计划局（DARPA）的大力推动。DARPA 的项目，如 "轨道快车"① 和 "凤凰" 号项目②，以及与 NASA 的联合开发项目都严重依赖于航天承包商。

这些新兴商业公司的行动，例如民营航天公司开发更具成本效益的商业发射系统、开发在轨机器人具备为卫星补加推进剂和服务的能力，以及开发空间远程精确操纵能力都是有益的开创性活动，可为未来的商业太空采矿活动开辟道路。现在，美国国内已经组织筹备了几次太空采矿活动和目标小行星跟踪活动。

■ 6.2　行星资源公司

2012 年 4 月 24 日，行星资源公司（Planetary Resources③）成为第一家进入太空采矿行业的私营企业，直接从事空间自然资源的探索。该公司的愿景如下："行星资源公司将空间自然资源纳入空间经济的影响范围，将我们的未来推向 21 世纪及更远。来自小行星的水将为空间经济提供燃料，稀有金属将增加地球的生产总值（GDP）④。"该公司希望开发一种低成本的机器人探测器，探测大约 9 000 个近地天体的潜在资源并加以提取和利用⑤。根据行星资源公司的创始人

---

① DARPA 轨道特快情况说明书，http://archive. darpa. mil/orbitalexpress/pdf/oe_fact_sheet_final. pdf（访问日期：2015 年 8 月 19 日）。

② 迈克·沃尔（Mike Wall），美国军方的大胆凤凰卫星回收项目进入新阶段，Space. com，2014 年 4 月 25 日。

③ Planctary Resources, Inc. 新闻发布会，2012 年 4 月 24 日。链接至公司网站上的官方公告，在线：http://www. planetaryresources. com/.

④ 星球资源，在线：http://www. planetaryresources. com/mission/.

⑤ Planetary Resources, Planetary Resources, Inc. 公布的小行星开采计划：扩大人类的资源基础以包括太阳系，Planetary Resources，2012 年 4 月 24 日，在线：http://www. planetaryre – sources. com/2012/04/asteroid – mining – plans – by – planetary – resources – inc/.

和联合主席彼得·迪亚曼蒂斯（Peter Diamandis）的说法，"地球上的许多稀有金属和矿物在太空中的数量几乎是无限的。随着获得这些原材料数量的增加，不仅能量储存的所有成本都将降低，而且这些丰富的稀有元素的崭新使用方式将带来更重要的新改变和新应用①。"该公司的联合创始人和联合主席埃里克·安德森（Eric Anderson）也表示，第一批探测目标将是含水的小行星，"水也许是太空中最宝贵的资源，接近一颗富含水的小行星将极大地推动对太阳系的大规模探测。除了支持生命，水还会被分解成氧气和氢气，用于制造可呼吸的空气和火箭推进剂②。"该公司已经开始了一项详细的准备工作，以确定潜在的候选近地小行星（NEA），候选者既不需要探测器消耗过多的推进剂就可以达到，又可能含有高价值的自然资源。在该公司的网站列出了几十个潜在的目标小行星。它还设定了一个程序，使得业余天文学家和科学家可以将有关信息添加到他们的数据库中。

对于初学者来说，这似乎是一个简单并不复杂的练习，但事实上这是一个重大的挑战。据估计，可能有 100 万颗直径为 30 米或更大的近地小行星。在第 4 章中讨论了这些近地小行星运行的多种轨道，以及定位和评估其资源含量的困难。然而，目前正由国际行星研究所开展对此类小行星的识别研究。当最佳"金发女孩"作为候选目标被确定后——它是一颗资源含量最佳且轨道不会太难接近的小行星（图 6.2）。行星资源公司打算发射其第一颗小行星搜寻探测器。目前，该公司正在集中精力开发利用 3D 打印技术的小型探测器，用于探测和勘探近地小行星，这种探测器可以飞得离近地小行星足够近，以评估它是否真的是太空采矿的适宜的候选目标③。

---

① 行星资源，Planetary Resources，Inc. 公布的小行星开采计划：扩大人类的资源基础以包括太阳系，Planetary Resources，2012 年 4 月 24 日，在线：http://www. planetaryre – sources. com/2012/04/asteroids – mining – plans – by – planetary – resources – inc/（最后访问时间：2013 年 3 月 13 日）。

② 同①。

③ M. H.，傻瓜的白金？《经济学人》，2013 年 2 月 1 日，在线：http://www. economist。com/blogs/babbage/2013/01/asteroid – mining（最新访问时间：2013 年 3 月 13 日）。

图 6.2　石质 Eros 433 图像——太空采矿的可能候选目标（插图由 NASA 提供）

6.3　深空工业公司

　　2013 年 1 月 22 日，美国第二家小行星采矿公司——深空工业公司（Deep Space Industries，DSI）参加了小行星探测和资源开采的竞赛①。该公司打算使用现成的技术开发一种由三个探测器组成的舰队，来调查近地小行星②。它希望在未来几年吸引 1 300 万美元的投资③。深空工业公司网站上声明："我们的任务是前无古人的。我们正在探索未知的领域，并努力突破技术极限，为全人类提供更光明的未来。"从本质上来说，DSI 是在暗示我们太阳系有巨大的财富，他们的愿景是帮助人类把这些财富带回地球。他们预期接下来的进展是，在探测任务中确定了含有浓缩挥发物（如水和碳氢化合物）和其他感兴趣物质的小行星之后，深空工业公司将开始用专门的机器人探测器进行采集。因此，深空工业公司将其活动描述为一个四步走的过程：勘探、收集、加工、制造。DSI 公司雄心勃勃，宣称这将是人类历史上最大的工业变革（见 https://deepspaceindustries.com/business/.）。

---

　　①　美国公司的目标是收获小行星，2013 年 1 月 22 日，在线：http://www.spacedaily。com/reports/US_company_aims_to_harvest_asteroids_999.html（最后访问时间：2013 年 3 月 13 日）。

　　②　深空工业公司网站：http://deep-spaceindustries.com（访问日期：2015 年 8 月）。

　　③　同②。

　　DSI 公司计划的第一步，是将小行星探测器送入外层空间，发射第一艘 25 公斤重的"萤火虫"探测器；接下来是更重的"蜻蜓"探测器，它们将执行采样返回任务。DSI 公司已注册了一个名为"母舰"（Mothership™）的商标，这是一个更大的母舰探测器的概念，旨在作为基地向深空目标发射纳米卫星。在部署纳米卫星后，"母舰"探测器仍然是部署的纳米探测卫星和地球之间的高带宽中继通信卫星。目前，尚未证实的是，DSI 公司是否也渴望在月球上进行采矿（图 6.3）①。

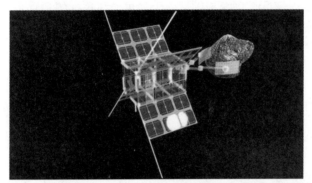

图 6.3　艺术家对深空工业公司的探测器进行小行星捕获的构想

（插图由深空工业公司提供）（书后附彩插）

　　DSI 公司建议使用探测器捕获小行星，并将其重新定位在地球附近的轨道上，以获取小行星上潜在的资源。在这个概念中，对太阳能系统有很大的依赖，但在其他更传统的概念中，采用成熟的化学推进更可行。

　　DSI 公司在新闻中声明，即使是一颗小行星最终也可能价值高达 1950 亿美元。但这是指一颗近乎为纯铂金的近地小行星的极端情况②。

6.4　金色道钉公司

　　2012 年 12 月 6 日，金色道钉公司（Golden Spike Company）发布了关于商业

---

　　①　http://deepspaceindustries.com/mothership/.

　　②　深空工业小行星开采计划，《商业内幕》：http://www.businessinsider.com/deep‐space‐industry‐asteroid‐mining‐plan‐2013‐2（访问日期：2015 年 8 月 20 日）。

月球太空旅行的未来愿景①。金色道钉公司表示，它打算实现价格适中、安全可靠且频繁的人类登月之旅②。与其他短周期到达地球亚轨道的太空旅游项目不同，这家总部位于科罗拉多州的金色道钉公司设想将两名乘客，每位以7.5亿美元的成本进行一次真正的月球旅行，它的目标是到2020年能够实现。这种私营商业空间运输能力也可用于探测月球表面，甚至作为建立月球殖民地的前奏。虽然每次飞行15亿美元是一大笔钱，但与美国在20世纪60年代和70年代初实施的"阿波罗"登月工程，甚至是1 400亿美元的"国际空间站"项目相比，这只是一笔很小开支。实际上国家或地区航天局可能与这样的私营企业签约，以启动新的月球探测活动，包括建立月球殖民地，甚至进行月球采矿工作。

2013年1月，金色道钉公司与诺斯诺普·格鲁曼公司签订了关于设计新的月球着陆器的合同，此着陆器是其商业月球运输系统的一个组成部分。合同任务包括审查要求并且把一系列强调系统可靠性的基础研究规则和假设综合起来，实现自动化或地面指令的可操作性与可负担性，建立进出月球低轨道的实用着陆点的速度增量预算，探索各种各样的月球着陆器的概念方案，包括各舱段、推进剂、发动机、可重复使用的能力、自主性、系统勘探功能、以及着陆地点的灵活性，并建立改进的余地和实际使用的限制，以便将来进行更详细的分析和开发。

在诺斯洛普·格鲁曼公司拿到合同之际，金色道钉公司的官员透露了一份关于月球着陆器系统（Lunar Lander Systems，LLS）硬件部分的研制合作伙伴。这些合作伙伴包括犰狳航天公司（Armadillo Aerospace，现已解散）、国际月球观测站协会（International Lunar Observatory Association）、Masten空间公司（Masten Space Systems）、月球快递公司（Moon Express）、Paragon空间开发公司（Paragon Space Development Corp）、西南研究所（Southwest Research Institute）、空间佛罗里达公司（Space Florida）、联合发射联盟（United Launch Alliance，ULA）、零点

---

① Golden Spike公司的愿景：Golden Spike公司的成立是通过远征队及其周边媒体的销售和商品销售收入来实现对月球探索的货币化。请在以下网站上查看公司愿景：http://goldenspikecom - pany. com/about - us/golden - spike - history/（上次访问时间：2013年3月13日）。

② http://goldenspikecompany.com/our - business/business - objectives/（访问日期：2013年4月2日）。

前沿公司（Zero Point Frontiers Corporation）等①。

6.5　沙克尔顿能源公司

2007 年沙克尔顿能源公司（Shackleton Energy Company）② 正式在得克萨斯州的德尔瓦勒成立，该公司计划在 2020 年之前成为第一家可运营的月球采矿企业③。沙克尔顿能源公司董事长比尔·世东（Bill Stone）说："在机器人探测阶段结束后，我们的工作人员将在太空建立基础设施，并在月球极区环形山地区附近建立基地，以管理用于采矿加工和将月球产品运送到近地轨道及更远空间市场的工业机械。我们现在必须抓住这个机会，在太空中提供廉价的推进剂商品，作为启动新空间经济的一种手段④。"

在不同角度来看，这项努力无疑是美国商业航天冒险中最具争议的。其他项目都集中在近地轨道，如果它们从轨道坠落，还会成为未来对世界的潜在威胁。此外，这些残骸还没有明确定义为"天体"。在后面我们会讨论到，在《外层空间条约》中明确提出月球是一种全球性的共同资源，并被世界上大多数国家所认可。最终，沙克尔顿能源公司将要从月球上采集的资源是非常有价值且无可替代的。

关于月球资源的"所有权"问题曾出现虚假欺诈的事件。其中就包括一些不甚严谨且虚假的事情，如对于月球上的小块地区"出售冠名权"。这其实是一种异想天开的恶作剧，除了让人们得到一张纸，可以作为一个玩笑给别人展示之外，没有任何法律效力。然而，沙克尔顿能源公司背后有来自美国得州能源公司（Texas Energy Concerns）的巨额资金支持，并已开始实际推进从月球开采和"占

---

①　同前

②　http://www.shackletonenergy.com/（访问日期：2013 年 4 月 2 日）。

③　沙克尔顿能源公司想成为第一个开采月球的公司。http://www.networkworld.com/community/blog/energy‐company‐wants‐befirst‐mine‐moon（访问日期：2013 年 4 月 2 日）。

④　道格·梅西耶，"独家：沙克尔顿能源公司启动第一次月球采矿计划，"2011 年 11 月 9 日：http://www.parabolicarc.com/2011/11/09/exclusive‐shackleton‐energy‐companylaunches‐plan‐for‐first‐lunar‐mining‐operation/（访问日期：2013 年 4 月 2 日）。

有资源"的计划。

这个渴望在未来探索和开发月球资源的私人倡议，不仅对月球上可能会进行的活动提出了现实的政策、法律和管理方案，而且关注了与空间安全相关的问题。此外，在沙克尔顿能源公司的计划中，美国政府的政策和监管问题是最需要考虑的部分。

■ 6.6 月球快递公司

月球快递公司是一家私人资助的旨在开发月球资源的美国商业航天公司。这家初创公司宣称，其目标是向月球发射一系列智能航天器，进行持续的探索和商业开发①。

月球快递公司于 2010 年 8 月由纳温·杰恩（Naveen Jain）、巴尼·佩尔（Barney Pell）和罗伯特·D·理查德（Robert D. Richards）在加里福尼亚州山景城成立，公司位于 NASA 艾姆斯研究中心附近。该公司致力于提供商用月球机器人运输和数据服务，长期在月球上开采钇、镝、铌等稀土金属以及氦－3 等资源。

2011 年 6 月 30 日，该公司首次成功试飞了着陆器测试飞行器（LTV），该测试飞行器是与 NASA 合作开发的月球着陆器原型系统。2011 年晚些时候，月球快递公司宣布他们已经建立了一个机器人实验室，实验室命名为月球快递机器人创新实验室（Moon Express Robotics Lab for Innovation，MERLIN）。2012 年年中，月球快递公司宣布将与国际月球天文台协会（International Lunar Observatory Association，ILOA）合作，在月球上安装一台小型天文望远镜。2013 年 7 月公布了更多细节，声明会有两台望远镜：一台 2 米的射电望远镜和一台光学望远镜。目前，首选的安装位置是直径 5 公里（3.1 英里）的马拉珀特陨石坑，计划于 2018 年部署②。

2014 年 4 月 30 日，NASA 还宣布，月球快递公司是被选中参与月球货物运输和软着陆（Lunar CATALYST）计划的三家公司之一，而且 NASA 已经同意与

---

① http://www.moonexpress.com/#missions.

② 月球快递公司宣布与 NASA 合作开发的月球着陆器系统首次成功飞行测试：http://www.spaceref.com/news/viewpr.html？pid=33991（访问日期：2015 年 8 月 28 日）

月球快递公司签署为期 3 年的无资金资助的《空间法协议》（Space Act Agreement，SAA）①。

■ 6.7 B612 基金会

B612 基金会是一家位于加州山景城的非营利慈善组织。这个私人基金会的目的是"建造、发射和运营一种红外空间望远镜"。这架空间望远镜将被发射到环太阳运行的轨道上，此轨道与金星的轨道类似，其主要目标是发现并追踪可能撞击地球的有威胁的小行星②。该基金会已经与 Ball Aerospace 公司签署了一份合同，计划在 2018 年发射哨兵空间望远镜③，用于发现和探测小行星。探测太阳系内部的巨大未知区域是保护地球免受小行星撞击，开展下一个前沿领域的第一步。这个项目的成本约为 7.5 亿美元，其中约 40% 的资金用来支持这个雄心勃勃的私营事业。这个项目的意义在于它可以跟踪和探测到 30 米大小的近地小行星，并且可以绘制一幅潜在危险小行星的详细图像，用来预测未来 100 年可能发生撞击的轨道。美国国会提供给 NASA 的指导方针是绘制出所有直径 140 米以下的潜在危险小行星，而这一小行星地图将识别出直径更小的小行星。值得注意的是，直径 30 米大小的小行星是潜在的城市杀手，而直径较小的小行星的数量比那些直径在 140 米或更大的小行星要多几个数量级。虽然这不是一个商业项目，但它能够查明和追踪大量以前探明的近地小天体，这对空间资源开发事业可能具有重大价值。

■ 6.8 太空矿业，资源开采和太空殖民地政策

2014 年 12 月，毕格罗航空航天公司（Bigelow Aerospace）向美国政府和

---

① 关于月球催化剂，http://www.nasa.gov/lunarcatalyst/#. U2Rc WaIXJDy.

② http://b612foundation.org/about – us/（访问日期：2013 年 4 月 2 日）

③ 参见 2012 年 10 月 30 日"波尔航天公司与 B612 基金会签署'哨兵'的任务合同"：http://b612foundation.org/newsroom/pressreleases/ball – aerospaceb612 – foundation – signcontract – for – sentinel – mission/（访问日期：2013 年 4 月 2 日）

FAA 特别提出了一个问题，即可能以私营空间居住舱/殖民地的形式部署在月球上的美国资产应怎样受到保护。在 12 月一封回应毕格罗公司询问的信中，FAA 表示，它可以通过许可程序采取行动，保护私营月球业务不受他人干扰。所以，如果毕格罗公司在月球上有基地，其他获得联邦航空局许可的公司在没有许可的情况下不能在同一地点建设。作为回应，美国联邦航空局商业太空运输署（FAA – AST）副署长乔治·尼尔德（George Nield）在 2014 年 12 月的声明中表示，美国政府将为部署在月球上的此类资产提供某种官方形式的保护。

2015 年 2 月，在 FAA 主办的第 18 届年度商业太空运输大会上，尼尔德随后发表声明称："我想明确表示，FAA 今天有责任授权发射和再入大气层，而在这两者之间没有任何责任……我们与其他政府机构，如 NASA、国防部、商务部分享这个提议，看看是否有其他机构存在可能的担忧或问题。"

当涉及可能部署在月球上的有效载荷时，他补充说："我们意识到，联邦政府可能需要审视其总体监管体系。"需要考虑的是，我们是否"在监督和授权我国公民的私营部门活动方面履行了《外层空间条约》的义务"。他接着解释道："我们讨论的不是财产权。我们所说的是让美国政府有一个监管体系，为行业提供一定的监管确定性①。"

在涉及法律地位问题时，月球基地显然不同于商业项目，后者会提议建立采矿业务，但这显然是一种进步。商业太空飞行联盟（CSF）已经批准了尼尔德的声明，但显然这样的声明目前没有明确的法律地位，在特定的月球项目提出之前，还不能确定美国政府会如何回应环境保护局（Environment Protection Agency），以及所涉及的各种机构（如 FAA、NASA、商务部、国防部、国务院和环保局）将如何正式回应。

NASA 通过《空间法协议》与新的太空采矿初创公司达成协议，产生了一些新的灵活的机制，如"月球催化剂"计划，以及各种开发合同等，旨在鼓励本章所述的各种新型商业空间计划。同样，美国联邦航空局通过其国会授权的各种

① http://www.parabolicarc.com/2015/02/07/faa – moves – establish – framework – commerciallunar – operations/#sthash.08s3icfr.dpuf（访问日期：2015 年 8 月 20 日）

授权法案，寻求与 NASA 并行促进新的商业航天工业。

6.9　小结

毫无疑问，在不久的将来，可以预期美国内外的一些私营企业将加入这些先驱企业[①]。他们将自主探测和勘探太空中宝贵的自然资源，但也会利用各自政府航天机构所获得的发现、研究和调查内容。第 7 章将对其他航天国家所遵循的战略和政策进行描述和分析，结果表明，在不久的将来，空间资源的开发利用活动将不可避免。

---

① Adam Mann，科技亿万富翁计划大胆的小行星采矿任务，2012 年 4 月 23 日，在线：http://www. wired. com/wiredscience/20 12/04/planetary – resources – asteroidmining/（最后访问日期：2013 年 3 月 13 日）

第7章

苏联/俄罗斯的航天企业

苏联/俄罗斯一直是参与空间探测、空间科学和空间应用领域活动最积极的国家之一。在空间应用上有着长期的历史，通过部署通信广播卫星、发射遥感和气象卫星，以及精确导航和授时卫星，为地球上最具地理多样性和最难到达的地区提供至关重要的服务。因此，本章将讨论苏联/俄罗斯过去开展的许多相关活动，并就这些活动如何影响未来的空间开发进行讨论。

7.1 苏联/俄罗斯的空间探测活动

苏联的空间活动已经涵盖了对月球、金星、火星以及太阳系的其他行星的探测，深空探测器上配置了用来检测行星大气和土壤含量以及研究太阳物理特性的载荷设备。如果这类活动能得到政府的批准和鼓励，这一系列密集的项目将使当今的俄罗斯在未来几年成为空间资源开采领域的领先国家之一。该项计划始于1961 年 2 月 12 日由苏联发射的"金星"1 号探测器①。

"金星"系列任务是苏联发射的第一个对金星进行探测的任务，总体而言，这一系列的卫星提供了关于金星最为系统的信息。总而言之，这些任务，特别是1967—1985 年发射的"金星"4 号至"金星"16 号探测器，在很大程度上证实

---

① NASA,gov Venera 1 NASA. gov. http://nssdc. gsfc. nasa. gov/nmc/masterCatalog. do? sc = 1961 – 002 = A（访问日期：2015 年 8 月 24 日）

了这颗高温高压的行星不可能成为太空采矿的候选目标，因为它的温度极高，大气压力非常大。

苏联前三次金星探测任务都失败了，但最终"金星"4 号探测器成功将详细数据传回了地球。1961 年 2 月 12 日，"金星"1 号[①]探测器发射升空（如图 7.1）；1965 年 11 月 12 日[②]，"金星"2 号探测器发射升空；紧接着"金星"3 号探测器在同年 11 月 16 日成功发射[③]。

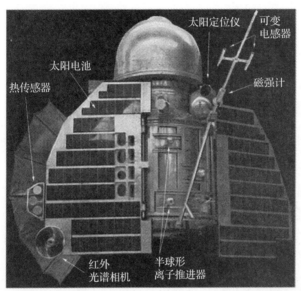

图 7.1 早期飞往金星的"金星"1 号探测器（插图由苏联航天局提供）

第一次成功的探测任务是在 1967 年 6 月，"金星"4 号探测器完成了对金星表面大气层进行原位研究的科学目标[④]。因此，"金星"4 号探测器是第一个从另一个行星的大气层传输数据的探测器。它发现金星的大气层主要由二氧化碳组成

---

① Venera 1, Venera 1, NASA. gov. http://nssdc. gsfc. nasa. gov/nmc/masterCatalog. do？sc = 1961 – 003A.（访问日期：2015 年 8 月 24 日）

② NASA, gov Venera 2 http://nssdc. gsfc. nasa. gov/nmc/masterCatalog. do？sc = 1965 – 091A（访问日期：2015 年 8 月 24 日）

③ NASA, gov Venera 3, NASA http://nssdc. gsfc. nasa. gov/nmc/masterCatalog. do？sc = 1965 – 092A（访问日期：2015 年 8 月 24 日）

④ NASA, gov Venera 4, http://nssdc. gsfc. nasa. gov/nmc/masterCatalog. do？sc = 1967 – 058A（访问日期：2015 年 8 月 24 日）

（90%～95%），在海拔 9 900 公里的地方还发现了氢原子①。"金星"5 号和"金星"6 号探测器于 1969 年 1 月发射，"目的是在它们进入金星大气层时进行原位测量"②。这些任务证实了"金星"4 号探测器最初发现的高温、高压的金星大气中主要是含有二氧化碳的成分③。

1970 年 8 月，"金星"7 号探测器成功发射，成为第一个在另一颗行星着陆并且返回数据的航天器，其任务目标是从金星大气层返回数据，在表面着陆后继续返回数据④。来自"金星"7 号探测器的数据表明，金星表面温度为 237 ～ 246 ℃。"金星"8 号探测器于 1972 年 3 月成功发射，对金星表面进行了更精密的科学测量，其中包括对金星表层的科学研究。"金星"8 号探测器证实了"金星"7 号探测器传回的关于金星表面高温高压（470 ℃，90 atm）的早期数据，"金星"8 号探测器传回了对金星表面风化层的第一次测量，并绘制了云层剖面，包括对硫酸含量的检测。"金星"9 号探测器携带着陆器于 1975 年 6 月发射，其科学目标是对金星大气层和表面进行探测。"金星"10 号和"金星"9 号探测器是同一个月发射的，其科学目标是对金星大气层和表面进行原位测量。"金星"9 号探测器是第一个从另一个行星表面传回图像的航天器。"金星"9 号任务的初步结果表明，大气成分包括盐酸、氢氟酸、溴和碘等物质⑤。

"金星"11 号和"金星"12 号探测器是完全相同的探测器。于 1978 年 9 月成功发射，用于研究金星大气的详细化学成分、云层的性质、大气的热平衡以及金星表面的成分和力学性能⑥。这两项任务发现，除了其他物质外，金星云层中还含有硫和氯，低海拔地区含有一氧化碳。"金星"13 号和"金星"14 号探测

---

① 同前

② NASA, gov Venera 5, NASA http://nssdc. gsfc. nasa. gov /nmc/masterCatalog. do? sc = 1969 – 001A（访问日期：2015 年 8 月 24 日）

③ 同前

④ NASA,gov Venera 7, http://nssdc. gsfc. nasa. gov/nmc/masterCatalog. do? sc = 1970 – 060A.（访问日期：2015 年 8 月 24 日）

⑤ NASA, gov Venera 9 Descent Craft, NASA http://nssdc. gsfc. nasa. gov/nmc/masterCatalog. do? sc = 1975 – 050D（访问日期：2015 年 8 月 24 日）

⑥ NASA,gov Venera 11 Descent Craft, NASA http://nssdc. gsfc. nasa. gov/nmc/masterCatalog. do? sc = 1978 – 084D（于 2015 年 8 月 24 日访问）

器也是相同的探测器，分别于 1981 年 10 月和 11 月成功发射，是由苏联科学院资助，用于研究金星的大气层和表面。"金星" 13 号探测器通过第一张金星表面的彩色图像揭示了金星上有着橙棕色的平坦基岩表面，上面覆盖着松散的风化层和小而平的、薄而有棱角的岩石①。样本的成分被归类为弱分化黑质碱性辉长岩石，类似于地球上的白质玄武岩，钾含量高。除此之外，"金星" 14 号任务发现了 3 种不同的云层②。"金星" 系列的最后两个探测器是在 1983 年 6 月发射的 "金星" 15 号和 "金星" 16 号，它们的任务目标是研究金星表面的性质。"金星" 15 号和 "金星" 16 号生成了从北极到北纬 30°的（金星）北半球地图。科学家通过这张地图在金星表面上发现了 "几个可能由火山活动引起的热斑③"。

"金星" 系列之后的未来任务是计划在 2021 – 2024 年着陆金星的 "金星" – D 和 "金星" – Glob 项目。"金星" – D 和 "金星" – Glob 项目的投资和开发预计要等到俄罗斯政府在 2016 – 2025 年批准俄罗斯空间计划的全新修订版后才会启动。

这些项目包括一个携带探测雷达的轨道器、几个小型的着陆器和飞行器。相比于之前的着陆器，其中一个着陆器将设计成能在金星表面生存时间更长。科学家们还考虑在金星大气层的不同高度处部署高空探测气球，用来执行为期一个多月的探测任务，这些气球将依次释放携带的微型探测器。最后，一种本来考虑用于 "金星" – D 项目的特殊的风力飞机或者滑翔机也将用于 "金星" – Glob 上。该项目规划者也考虑在 "金星" – Glob 与 "金星" – D 之间开展实时交互。④

除了 "金星" 1 号到 "金星" 16 号探测任务之外，苏联还实施了 "织女星" 1 号和 "织女星" 2 号任务。这些 "织女星" 任务是与奥地利、保加利亚、匈牙

---

① NASA,gov: Venera 13 Descent Craft, NASA http://nssdc. gsfc. nasa. gov/nmc/masterCatalog. do? sc = 1981 – 106D（于 2015 年 8 月 24 日访问）参见 Venera 14 Descent Craft, NASA http://nssdc. gsfc. nasa. gov/nmc/master – Catalog. do? sc = 1981 – 110D（于 2015 年 8 月 24 日访问）

② NASA,gov Venera 14 Descent Craft, NASA http://nssdc. gsfc. nasa. gov/nmc/masterCatalog. do? sc = 1981 – 110D（于 2015 年 8 月 24 日访问）

③ NASA, gov Venera 15, NASA http://nssdc. gsfc. nasa. gov/nmc/masterCatalog. do? sc = 1983 – 053A（于 2015 年 8 月 24 日访问）

④ Zasova, L. , Venera: Izuchenie prodolozhaetsya, 10. 03. 2011, Accessed on June 15, 2011, at: http://www. venera – d. cosmos. ru/index. php? id = 692&tx _ ttnews% 5btt _ news% 5d = 1288&cHash = f9bfd2c6e7616171412b316d206d73a4（于 2015 年 8 月 25 日访问）.

利、德意志民主共和国、德意志联邦共和国、捷克斯洛伐克和法国合作完成的。
"织女星"1号在1984年12月15日发射,"织女星"2号在1984年12月21日
发射。"织女星"任务有三个主要任务目标:在金星表面放置先进的着陆器,在
金星的大气层部署气球(每项任务两个),利用金星的重力辅助服务舱飞掠过哈
雷彗星。尽管"织女星"1号的土壤实验失败了,但"织女星"2号着陆器收集
和研究了一份土壤样本;该实验发现了一种斜长岩-橄长岩,这种岩石在地球上
很罕见,但是存在于月球的高地上[①]。

　　苏联还实施了一些探索性的任务用于收集火星的资料。1988年6月,苏联启
动了"火卫一"(Phobos)任务,该任务以火星的两颗卫星中的一颗命名。这次
火星任务的目标是表征火星附近的等离子环境特征,进行火星表面和大气研
究……并研究"火卫一"的表面成分。这次任务包括两个探测器:"火卫一"1
号(7月7日发射)和"火卫一"2号(7月12日发射)。尽管"火卫一"1号
没能抵达火星,但"火卫一"2号成功到达火星并收集了太阳辐射、地球和火星
间的行星际介质的数据,以及火星和火卫一的一些科学数据。8个月后,"火卫
一"2号任务于1989年3月27日结束[②]。

　　俄罗斯后续的"火卫一"火星任务,更名为"火卫一-土壤"号,以失败
告终。这项任务的目标是从火星的卫星火卫一上获取土壤样本并将样本带回地
球。继"火卫一-土壤"号任务失败后,一项具有相同目标的新任务"火卫一-
土壤"2号,正在等待俄罗斯十年规划(2016-2025年)的批准。俄罗斯联邦
航天局(Roscosmos)和俄罗斯科学院已经批准了这项计划,如果得到资助,这
项任务将在2025年发射[③]。

　　除了"火卫一"任务之外,苏联还发射了一些其他的火星探测器。在这些
任务中,成功或者部分成功的任务包括"火星"1号(1962年11月1日发射)、

---

① NASA,gov Vega 1, Solar System Exploration,http://solarsystem. nasa. gov/missions/profile. cfm? MCode =
Vega_01&Display = ReadMore(Accessed August 25, 2015).

② Phobos (1988 - 1989), Journey through the Galaxy, Department of Astronomy, Case Western Reserve U-
niversity http://burro. astr. cwru. edu/stu/advanced/20th_soviet_phobos. html. (Accessed August 25, 2015)

③ Phobos - Grunt - 2, RussianSpaceWeb. com http://www. russianspaceweb. com/phobos _ grunt2. html
(Accessed August 25, 2015).

"火星" 2 号（1971 年 5 月 19 日发射）、"火星" 3 号（1971 年 5 月 28 日发射）、"火星" 5 号（1973 年 7 月 25 日）和 "火星" 6 号（1973 年 8 月 5 日发射），其他任务都因发射或别的原因而失败①。

"火星" 1 号任务发射的目的是在距火星 11 000 公里的轨道飞行。它的设计目标是拍摄火星表面的图像并传回火星大气层结构和可能的有机化合物的数据。然而，"火星" 1 号最接近火星的时间是在 1963 年 6 月 19 日，距离约为 193 000 公里。尽管比预期距离要远，它还是发回了有用的数据。"火星" 2 号和 "火星" 3 号任务采用相同的探测器对火星表面开展研究。虽然 "火星" 2 号着陆器坠毁了，但它是第一个与火星接触的人造物体。"火星" 3 号着陆器实现了第一次成功地登陆火星。这两个探测器总共传回了 60 张图像。来自这两个探测器的图像和数据揭示了：火星上层大气中有氢原子和氧原子，以及……地球大气中水蒸气含量浓度超过火星大气 5 000 倍②。

"火星" 4 号至 "火星" 7 号，是在 1973 年 7 月和 8 月期间陆续发射到火星的系列苏联探测器。这些探测器的设计目标是环绕火星轨道飞行，传回火星大气和表面组成、内部结构和性质等信息。"火星" 5 号任务发现了类似于地球上镁铁质岩石的铀、钍和钾合成物。而 "火星" 6 号是着陆探测器。这些任务的主要科学发现包括：塔西斯（Tharsis）高地南部出现了高水蒸气含量（可降水量 100 微米），海拔 40 公里处有臭氧层，浓度约为地球的 0.1%。火星表面的图像显示出火星表面由流水造成的侵蚀痕迹。"火星" 6 号是一个着陆器，它揭示了 "火星大气中水蒸气含量比之前报道的高几倍"，而且大气中氩含量估计为 25%～45%③。

直到最近，苏联或俄罗斯都没有实施过任何超越火星的任务。超越火星的第一项任务将是 "拉普拉斯" – P（Laplas – P）任务。这项计划中的任务将研究木

---

① Mars 3 Lander, NASA http://nssdc. gsfc. nasa. gov/nmc/spacecraftDisplay. do? id = 1971 – 049 F.

② Mars（1960 – 1974），Journey through the Galaxy, Department of Astronomy, Case Western Reserve University http://burro. astr. cwru. edu/stu/advanced/20th_soviet_mars. html.

③ Mars 6, Solar System Exploration, NASA https://solarsystem. nasa. gov/missions/profile. cfm? Sort = Alpha&Letter = M&Alias = Mars%206.

星的卫星木卫三[①]（如图7.2）。

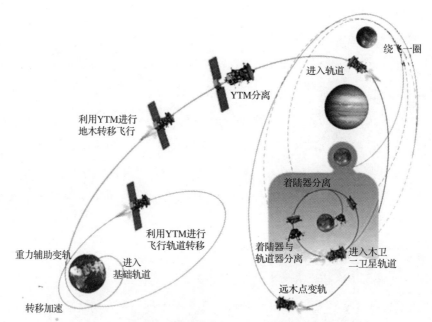

图7.2　带有单独着陆器的"木卫"三任务飞行剖面图

（插图由俄罗斯航天局提供）（书后附彩插）

在2009年的最初任务规划设想中，有一项针对木星的卫星木卫二的探测任务。现在重新规划的任务设想以轨道飞行器的形式前往木星，同时有一个单独的着陆器将着陆在木卫三上[②]。

苏联深空探测工程的重点是金星、火星和月球。在这三者中，最大的努力是在月球上，开展了"月球"1号至"月球"24号系列任务，并获得了大量的信息。目前，设想有一个后续任务规划会在下文中描述。

迄今为止，苏联/俄罗斯在"月球"系列任务下已经开展了24次月球任务。下面将着重介绍这些任务的情况。苏联第一个成功的月球任务是"月球"1号任务。"月球"1号是人类历史上第一颗逃离地球引力，进入太阳轨道并飞掠过月

---

① Russia funds a proposal to land on Jupiter's moon Ganymede, RussianSpaceWeb. com http://russianspaceweb. com/laplas. html.

② Russian Funds a Proposal to Land on Jupiter's Moon Ganymede, http://www. russianspaceweb. com/laplas. html（于2015年8月25日访问）.

球的航天器。"月球"1号于1959年1月发射，目标是撞击月球。但这项任务只能算是部分成功，因为它没能撞上月球而是飞掠过月球。"月球"2号于1959年9月发射并完成了"月球"1号航天器的任务，于是它被称为第一颗抵达月球表面的探测器。但是"月球"2号的传感器并没有发现月球磁场和辐射带的存在①。

"月球"3号探测器于1959年10月发射。它的任务是拍摄第一张月球背面的图像。由"月球"3号探测器传回的图像覆盖了月球背面大约70%的区域，这些数据用来创建第一个初步的之前不为人所知的月球表面地图。"月球"9号探测器实现了首次成功着陆月球和首次从另一个世界表面传回图像，该任务发现着陆器不会陷入一层厚厚的尘土中②。第一颗绕月飞行的航天器是"月球"10号探测器，它能够对月球表面进行持续的研究，该探测器在月球轨道上进行了广泛的科学研究，收集了关于月球岩石（被发现与地球上的玄武岩类似）性质的重要数据③。

"月球"11号探测器于1966年8月发射，其设计目标是从月球轨道上拍摄苏联第一张月球表面的详细照片，获取月球成分的数据并对由"月球"10号探测器首次探测到的月球质量瘤进行确认。尽管其轨道飞行器成功进入月球轨道，但由于摄像系统没能传回有效的图像，导致这次任务仅仅取得了部分成功。"月球"12号探测器于1966年10月发射，旨在完成"月球"11号探测器没能实现的目标，即从月球轨道上拍摄到月球表面的高分辨率照片。这颗探测器成功拍摄到了月球表面的一部分的照片，分辨率达到15~20米，是迄今为止最好的照片④。

---

① Luna 1, Solar System Exploration, NASA, gov https://solarsystem. nasa. gov/missions/profile. cfm? Sort = Target&Target = Moon&MCode = Luna_01. 参见 Luna 2, Solar System Exploration, NASA. gov https://solarsystem. nasa. gov/missions/profile. cfm? Sort = Target&Target = Moon&MCode = Luna_02（于2015年8月25日访问）.

② Luna 9, Solar System Exploration, NASA, gov（于2015年8月25日访问）https://solarsystem. nasa. gov/missions/profi le. cfm? Sort = Target&Target = Moon&MCode = Luna_09.

③ Luna 10, Solar System Exploration, NASA, gov（于2015年8月25日访问）https://solarsystem. nasa. gov/missions/profi le. cfm? Sort = Target&Target = Moon&MCode = Luna_10&Display = ReadMore.

④ Luna 11, Solar System Exploration, NASA, gov（于2015年8月25日访问）https://solarsystem. nasa. gov/missions/profi le. cfm? Sort = Target&Target = Moon&MCode = Luna_11. 参见 Luna 12, Solar System Exploration, NASA, gov（于2015年8月25日访问）https://solarsystem. nasa. gov/missions/profi le. cfm? Sort = Target&Target = Moon&MCode = Luna_12&Display = ReadMore.

"月球" 13 号探测器于 1966 年 12 月发射，目的是登陆月球并描绘月球表面的特征。其着陆器的相机传回了五张不同太阳高度角下的全景图片，并测量了月壤的物理和力学性能。"月球" 14 号探测器于 1968 年 4 月发射，最初的任务目标是测试通信系统，为苏联将宇航员送上月球提供技术支持。该任务完成了它的初级目标，并提供了额外的数据用于研究月球重力场、太阳风、宇宙射线、月球运动以及地球和月球之间的相互作用关系[①]。

"月球" 16 号探测器于 1970 年 9 月发射，任务目标是在月球表面钻取样本并将它带回地球。该探测器将样本成功带回地球，并成为 "世界上首次在月球上实现自动取样的探测器"。研究人员发现，取回的深色粉末状的玄武岩物质与 "阿波罗" 12 号飞船从另一个月海中取得的物质十分相似，但在钛和氧化锆的含量上与 "阿波罗" 11 号飞船取回的样本略有不同[②]。

"月球" 17 号探测器也称为 "月球车" 1 号，它于 1970 年 11 月发射升空，任务目标是将一辆名为 "月球车" 1 号的无人月球车送到月球表面。月球车的任务是在地球上操作人员的实时控制下前往不同的地点，并在月壤上进行测试。"月球车" 1 号探测车是第一辆在另一个世界上行驶的轮式无人驾驶月球车。这次任务共进行了 25 次土壤分析，并测试了 500 多个地点月壤的力学性能[③]。

"月球" 18 号探测器失败了，但是 1971 年 9 月发射的 "月球" 19 号探测器成功进入环月轨道并开始收集关于月球及其地形和成分的数据。"月球" 19 号探测器环月飞行 1 年，传回了很多月球的图片以及月球表面成分的数据。

"月球" 20 号探测器于 1972 年 2 月发射，执行 "月球" 18 号探测器未完成的任务。它的任务目标是从月球的高地上获取一份月壤样本并带回地球，用于与

① Luna 13, Solar System Exploration, NASA, gov（于 2015 年 8 月 25 日访问）https://solarsystem. nasa. gov/missions/profi le. cfm？Sort = Target&Target = Moon&MCode = Luna_13. 参见：Luna 14, Solar System Exploration, NASA. gov（于 2015 年 8 月 25 日访问）https://solarsystem. nasa. gov/missions/profile. cfm？Sort = Target&Target = Moon&MCode = Luna_14.

② Luna 16, Solar System Exploration, NASA, gov（于 2015 年 8 月 25 日访问）https://solarsystem. nasa. gov/missions/profile. cfm？Sort = Target&Target = Moon&MCode = Luna_16.

③ Luna17/Lunokhod 1, Solar System Exploration, NASA, gov（于 2015 年 8 月 25 日访问）https://solarsystem. nasa. gov/missions/profi le. cfm？Sort = Target&Target = Moon&MCode = Luna_17.

"月球" 16 号探测器从月海中带回的样本进行对比。这次任务成功地带回了一份 55 克的月壤样本，并发现了纯铁。据透露，这次带回的样本与 "月球" 16 号探测器收集的有所不同，新样本中的绝大多数（50%～60%）岩石颗粒是古代斜长岩（主要是长石），而不是之前样本（只包含 1%～2% 的斜长岩）中的玄武岩[①]。

"月球" 21 号/ "月球车" 2 号探测器在 1973 年 1 月发射。它的任务目标是将苏联第二辆月球车 "月球车" 2 号安全送上月球，收集月球表面的图像……并研究月壤的力学性能。在其他成就中，月球车的行驶轨迹覆盖了月球上 37 公里的地域……并进行了至少 740 次月壤性能测试[②]。

"月球车" 22 号探测器于 1974 年 5 月成功发射升空，任务目标是完成环月飞行、对月成像、以及进行遥感测量。此次任务也准备研究月球表面的化学成分、记录流星体活动、探测月球磁力场、测量太阳和宇宙射线通量以及继续寻找不规则磁场存在的证据。苏联的最后一颗月球探测器是 "月球" 24 号探测器，于 1976 年 8 月成功发射。"月球" 24 号探测器的任务目标是在月球上一处大的质量体上着陆，获取月球表面之下 2 米处的月壤样本，并将其带回地球。在这次任务中，探测器成功采集了 170.1 克月壤样本。随后对该样本的研究表明，这是一种层状结构，似乎是在连续的沉积物中形成的[③]（图 7.3）。

俄罗斯联邦航天局（Roscosmos）考虑了 "月神" 系列未来的登月任务，尽管已经推迟了将近 3 年。俄罗斯的这一新的月球勘探计划将包括五个探测器，分别是 "月球" 25 号或 "月球" – Glob 着陆器（着陆任务，原计划发射日期为 2017 年），"月球" 26 号或 "月球" – Glob 轨道器（轨道飞行任务，原计划发射日期 2018 年），"月球" 27 号或 "月球" – Resurs 着陆器（着陆任务，原计划发射日期 2019 年），"月球" 28 号或 "月球" – Grunt 月球车（月球样品返回任务，

---

① Luna 19, Solar System Exploration, NASA, gov（于 2015 年 8 月 25 日访问）https://solarsystem. nasa. gov/missions/profi le. cfm? Sort = Target&Target = Moon&MCode = Luna_19. 参见：Luna 20, 太阳系探测, NASA. gov（于 2015 年 8 月 25 日访问）https://solarsystem. nasa. gov/missions/profile. cfm? Sort = Target&Target = Moon&MCode = Luna_20.

② Luna 21/Lunokhod 2, 太阳系探测, NASA, gov（于 2015 年 8 月 25 日访问）https://solarsystem. nasa. gov/missions/profile. cfm? Sort = Target&Target = Moon&MCode = Luna_21.

③ Luna 22, 太阳系探测, NASA, gov（于 2015 年 8 月 25 日访问）https://solarsystem. nasa. gov/missions/profile. cfm? Sort = Target&Target = Moon&MCode = Luna_22.

原计划发射日期2025年）和"月球"29号或"月球"Grunt样品返回车（月球样品返回任务，原计划发射日期2025年①）。这些任务将提供有关月球矿物含量的具体数据，并且为有意愿在月球表面进行采矿的任何企业提供有用的数据。

月壤样品转移
至返回舱

月壤采样

返回舱再入
地球大气

图7.3 1976年苏联Luna－24月球取样返回任务

（插图由俄罗斯航天局提供）（书后附彩插）

这些任务的第一个定于2017年进行（目前均已推迟），如图7.4所示。这将是自1976年"月球"24号以来俄罗斯的第一个着陆任务②。

---

① 俄罗斯空间任务将推迟3年，RussianSpaceWeb. com http://www. russianspaceweb. com/spacecraft_planetary_2014. html.

② Luna Glob Mission. （2015年8月25日访问）http://www. russianspaceweb. com/ images/spacecraft/planetary/moon/luna_glob/ lg_lander_2011_1. jpg

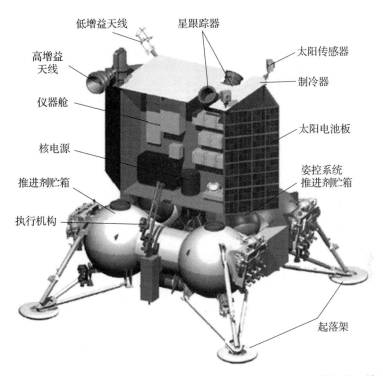

图7.4 俄罗斯"月球"25号（或"月球"Glob）着陆器将提供最新的土壤分析

（插图由俄罗斯航天局提供）（书后附彩插）

除了对月球进行"月神"系列探测任务外，还有"探测器号"（Zond）计划，其中包括8个1960—1970年期间发射的"探测器号"探测器。

这些探测器还进入了金星和火星轨道。这些飞行任务目标主要是完成飞掠和拍摄高分辨率图像的轨道飞行任务。"探测器号"任务最重要的目标是它们能够完成月球背面另外30%区域的地图绘制。

苏联第一个完全成功绕月飞行并安全返回地球任务是"探测器号"任务，它为月球拍摄了彩色照片。"探测器号"8号探测器与之前发射的探测器的任务目标类似，成功绕月球飞行并返回地球，同时拍摄高质量的月球照片并完成了月球环境的测量。但是，没有一项"探测器号"任务设计为搜寻月球自然资源，因此也没有发现空间自然资源位置的可能性①。

目前，尚不清楚俄罗斯政府或任何俄罗斯从事太空采矿的企业是否有具体计划。但是，从经验和已经得到证明的过去能力来看，俄罗斯显然具有很强的能力，计划中的"月球"–25到"月球"–29的任务暗示了对月球及其矿物含量的强烈兴趣。

斯特恩伯格研究所（Sternberg Institute）是俄罗斯月球任务的合作伙伴之一，表示对探测月球表面以查看其是否富含稀土金属特别感兴趣。弗拉迪斯拉夫·舍甫琴科（Vladislav Shevchenko）是斯特恩伯格研究所的月球与行星研究系主任，他表示，月球勘探可能是目前稀土金属短缺的解决方案，地球上稀土的生产主要由中国控制。舍甫琴科建议，与在地球开采金属相比，从太空开采及运送稀土资源可能更具成本效益。

■ 7.2　小结

俄罗斯政府正在乌拉尔开始新的稀土金属开采业务，这可能是对这些贵金属的迫切需求的更相关和更近期的回应。显然，俄罗斯提议投资的五个新的月球探测计划，涉及25亿美元的总投资，它代表了俄罗斯对月球的明显兴趣，可能并不仅仅是科学研究的原因②。

美国国会现在正在考虑所谓的《小行星法案》，该法案将用于保护可能从事太空采矿的美国私营企业的采矿主张，并且其中包括一项"互惠条款"，该条款将允许诸如美国和俄罗斯、美国和中国或美国和欧洲相互接受其他国家的要求，以换取对美国要求的承认。

目前，只有相对少数的国家（少于10个国家）或其国家监管的商业企业可

---

① Zond 7，太阳系探测，NASA（2015年8月25日）https://solar – system. nasa. gov/missions/profile. cfm? Sort = Target&Target = Moon&MCode = Zond_07.

② 塞西莉亚·贾萨斯米（Cecilia Jasasmie），俄罗斯推进了计划开采月球的活动，Mining. com http://www. mining. com/wp – content/uploads/ 2014/10/russia – is – seriously – advancing – plans – to – mine – the – moon. jpg.

能会考虑从事令人生畏的太空采矿工作。因此，互惠可能是解决此问题的一种方法。但是，这并没有解决《外空条约》中禁止"占用"月球或其他天体的禁令①。

正如我们将在后面所看到的，许多其他国家可能对太空采矿有兴趣。将来，这种兴趣可能会以多种方式体现出来。这些国家或这些国家的公司可能自己并未参与完整的太空开采任务，但可能会与那些有此规划的人一起寻找合作伙伴。特别是，行星资源公司和深空工业公司一直在积极寻求在关键技术方面具有特殊专业知识的合作伙伴。

一些在采矿技术领域经验丰富的国家，如澳大利亚、加拿大和巴西，在太空采矿和商业空间运输方面也积累了一些专业知识。目前，自动化采矿的引领者位于澳大利亚西部的矿山，那里几乎所有采矿作业都是自动化的，包括机器人和运输系统都是远程遥控操作。

俄罗斯对太空采矿的兴趣，和许多其他国家一样，显然有理由变得更加强烈。然而，直到解决该领域的监管问题之前，前进的道路仍是阴云密布。显然，俄罗斯将密切关注世界各地的有关努力，并注意到有关空间技术、远程采矿以及更多悬而未决的努力的进展，以阐明如何完成太空采矿以及在何种监管制度下进行。

---

① 亚当·敏特（Adam Minter），《小行星与冥想的种族开始》，彭博资讯，2014 年 9 月 8 日，http://www.bloombergview.com/articles/ 2014－09－08/the－asteroid－mining－race－begins.

第**8**章
欧洲、加拿大和其他西方国家的活动

欧洲参与了许多探索性空间飞行任务，不仅研究太阳系中的行星，而且研究更广阔宇宙的化学和物理组成，尤其是在过去十五年内开始实施的任务。这些任务受到许多关注的驱使，包括对天体物理学的基本兴趣，对宇宙威胁和潜在的行星防御的深入理解，甚至包含了行星采矿等活动的未来实际应用。

8.1 赫歇尔空间天文台

2009年5月14日，欧洲航天局（ESA）发射了赫歇尔空间天文台（Herschel space observatory）以研究恒星和星系的形成，并研究两者之间的关系[①]。这个空间天文台是第一个检测到恒星形成早期的分子云中水蒸气的探测器。它探测到相当于2000年地球海洋中的水蒸气……"通过高能宇宙射线穿过云层从冰冷的尘埃颗粒中释放出来的水蒸气……"[②]。

赫歇尔空间天文台还做出了许多其他有意义的发现，甚至是惊人的发现。其中包括发现猎户星云中分子氧的第一个有力证据。特别值得注意的是，观察到的

---

① ESA，情况说明书：赫歇尔，第1－2页，在线：ESA http://esamultimedia.esa.int/docs/herschel/Herschel－Factsheet.pdf.

② ESA，新闻，"恒星诞生黎明的大型水库"（2012年10月9日），在线：ESA http://sci.esa.int/herschel/50907large－water－reservoirs－at－the－dawn－of－stellar－birth.

大量"比以前对其他分子云的观察所显示的大 10 倍"①。赫歇尔空间天文台还确定了第一颗彗星（彗星 103P/"哈特利"2 号（Hartley 2））实际上含有同位素组成与地球海洋类似的水②。空间天文台还发现了谷神星周围的水汽，谷神星是位于火星和木星轨道之间的小行星带中最大的天体。

赫歇尔空间天文台还进一步发现，对于垂死的太阳状恒星燃烧的余烬，存在着一种对创造水至关重要的分子。总的来说，这些来自赫歇尔天文台的调查结果表明，如果用传统方法追踪银河系中的分子气体（和水蒸气），它们的存储层被大大低估了，几乎被低估了近 1/3③。

■ 8.2 "火星快车"号探测器

2003 年 6 月，"火星快车"号探测器（Mars Express）在欧洲首次成功发射升空，用于监控所有关于火星环境的方面，任务目标是研究火星的大气和气候、星球的结构、矿物学和地理学，并寻找水的痕迹④。欧洲航天局的"火星快车"任务与 NASA 的火星任务密切配合，以利用两次探索性努力的成果。作为协调工作的一部分，"火星快车"号探测器有可能将任务延长 1 年⑤。

"火星快车"号探测器发现了仅在有水条件下形成的矿物质家族，称为页硅

---

① ESA，新闻，"Herschel 发现猎户座中的'隐藏'氧气"（2011 年 8 月 1 日），在线：ESA http://sci. esa. int/herschel/49008 – herschel – uncovers – hidden – oxygen – in – orion/.

② ESA，新闻，" Herschel 找到彗星中类似地球水的第一个证据"（2011 年 10 月 5 日），在线：ESA http://sci. esa. int/herschel/49386 – herschel – finds – first – evidence – of – earth – like – water – in – a – comet/.

③ 赫歇尔（Herschel）找到了彗星中类似地球水的第一个证据"（2011 年 10 月 5 日），在线：ESA http://sci. esa. int/herschel/49386 – herschel – finds – first – evidence – of – earth – like – water – in – acomet/.
参见：ESA 新闻，"围绕旧星的新分子"（2014 年 6 月 17 日），在线：ESA http://sci. esa. int/herschel/54158 – new – molecules – around – old – stars/.
参见：ESA 新闻，银河中的气体比天文学家所想象的要多（2013 年 6 月 11 日），在线：ESA http://sci. esa. int/ herschel/51909 – there – is – more – gas – in – the – galaxy – than – is – dreamt – of – by – astronomers/.
"在银河系以及其他星系中，恒星是由分子云中最密集和最冷的物质团的坍塌而诞生的。这些云是巨大的恒星形成的复合物，主要由分子氢（H_2）组成，该气体在分子云中发现的低温下不发光。

④ ESA，"火星快车"号，观测红色星球 10 年（柏林：欧洲航天局，2013 年），在线：ESA http://esamultime – dia. esa. int/multimedia/publications/BR – 312/.

⑤ ESA，"火星快车"号，同上注 330。

酸盐。此外，还确定了在没有水的干燥条件下形成的某些硫酸盐和铁基矿物。"火星快车"号探测器能够非常详细地观察到"红色星球"的南北极冰盖。这些重要的观察结果证实，南北极的冰盖的成分主要是水冰，并且南极的冰量可以用11米深的水层覆盖整个星球。该任务还在火星上发现了甲烷，并在火星的大气层中发现了高海拔的二氧化碳冰云。结果表明，氢和氧离子在火星大气层的逸出中占主导地位，而碳氧化物的逸出很小，并且大气层中充满了水蒸气。

"火星快车"号探测器（如图 8.1）和相关的"猎兔犬"（Beagle）2 号着陆器的具体任务目标如下：

图 8.1　在火星上方绘制的 ESA 的"火星快车"（插图由 ESA 提供）（书后附彩插）

（1）以高分辨率（10 米/像素）对整个火星表面成像，并以超分辨率（2 米/像素）对选定区域成像。

（2）绘制 100 米分辨率的火星地表矿物成分图。

（3）绘制大气层的组成并确定其全球环流。

（4）确定深度几千米的地下结构。

（5）确定大气层对表面的影响。

（6）确定大气层与太阳风的相互作用。

"猎兔犬" 2 号着陆器计划在火星表面获取更详细的信息：

（1）确定着陆点的地质、矿物和化学成分。

（2）搜索生命特征（宇宙生物学）。

（3）研究天气和气候。

作为"火星快车"号探测器完成详细数据收集的后续任务，ESA 规划了 ExoMars 任务，更仔细地研究火星环境，以此作为未来 2020 年火星样本返回任务的序幕。在与俄罗斯的未来合作计划中，有两个任务预计将与俄罗斯联邦航天局合作开展：一个由轨道飞行器加上进入、下降和着陆演示器模块组成的着陆器，原计划于 2016 年发射，另一个以巡视器为特征，原计划于 2018 年发射①。

8.3　"金星快车"号探测器

"金星快车"号探测器是 ESA 的第一个飞往金星的探测器，它由 ESA 于 2005 年 11 月成功发射，用于探索金星大气层。这次任务正式发布的科学目标为详细研究金星的大气层、等离子体环境及金星表面。这次任务的首要发现包括在行星大气层的高处有一个异常寒冷的区域，气候条件可能寒冷到足以使二氧化碳凝结成冰或雪的形式。"金星快车号探测器"还探测到了一层薄薄的臭氧层，证明在亿万年的时间里，大量的水以水蒸气的形式被释放到太空中。最后，"金星快车"号探测到了一种重氢元素——氘，在金星大气层的上层区域以及主云层上方的区域，在二氧化硫中大量富集②。ESA 目前正在审议十项关于金星新探测任务的提议，但尚未正式批准。

8.4　水星探测任务

欧洲第一次前往水星的任务称为贝皮·哥伦布（Bepi Colombo）水星探测任务，以帕多瓦大学数学家兼科学家、水星研究专家贝皮·哥伦布教授的名字命名。这个任务计划在 2017 年 1 月发射，比最初的发射日期 2016 年 7 月推迟了一

---

① 在线：ExoMars 计划 2016－2018，火星的机器人探索，ESA http://exploration. esa. int/mars/46048－programme－overview/.

② "金星快车"号：任务概述，"金星快车"号，欧洲航天局 http://sci. esa. int/venus－express/33010－summary/.

些，预计到 2024 年年中才能够到达水星。这是欧洲航天局和日本宇宙航空研究开发机构（JAXA）的联合探测任务。

这次探测任务的目的是提供用以研究和了解水星的内部组成、地理环境、大气、磁层和历史的必要测量数据。贝皮·哥伦布任务是一项雄心勃勃的飞行任务，由两个独立的轨道器组成，分别是 ESA 主导的水星行星轨道器（Mercury Planetary Orbiter，MPO）和 JAXA 主导的水星磁层轨道器（Mercury Magnetospheric Orbiter，MMO），以及被称为水星转移模块（Mercury Transfer Module，MTM）的运载航天器。除了进行有关爱因斯坦相对论的实验外，该任务还准备研究极性沉积物及其组成和来源[①]。

■ 8.5　木星探测任务

欧洲航天局计划在 2022 年发射木星冰卫星探测器（JUpiter ICy moons Explorer，JUICE），对木星及其三颗最大的卫星：木卫三、木卫四和木卫二进行详细探测。这是一个重大的技术挑战，不仅要部署一个空间天文台，以便进行这些观测，而且要能够承受在最靠近卫星木卫二时的强烈辐射。

木星冰卫星探测器计划是第一个入选 ESA 2015—2025 年宇宙计划首要任务的旗舰级项目。它将搭乘"阿丽亚娜"5 号火箭从法属圭亚那库鲁的欧洲太空港发射，目标是在 2030 年到达木星。然后它将花费至少 3 年时间，对木星，特别是木星的三颗伽利略卫星，冰冻的木卫二以及冰岩覆盖的木卫三、木卫四进行详细的观测。这些卫星使得木星系本身成为一个缩小版的太阳系行星系统[②]。

木卫二、木卫三和木卫四之所以被选中，是因为它们内部存在海洋，是潜在的生命栖息地。

木星冰卫星探测器会持续观察木星的大气层和磁层，以及伽利略卫星与气态巨行星的相互作用。它将探测并获取太阳系中坑洞最多的天体——木卫四的探测

---

① 情况说明书，Bepicolombo，欧洲航天局 http://sci. esa. int/bepicolombo/47346 - fact - sheet/.

② 欧洲航天局新闻，JUICE，欧洲航天局 http://sci. esa. int/juice/.

结果。它将绕木卫二飞行两圈，对木卫二冰壳的厚度进行首次测量，并确定未来探索和可能登陆的候选地点。最后探测器将于 2032 年进入木卫三轨道，在那里它将研究卫星表面的冰和内部结构①。

所有这些工作在行星科学领域都是有价值的，但由于到达木星所需的推力量级较大，使得木星的卫星不太可能成为商业太空采矿的候选目标。

8.6　欧洲探月任务

由欧洲第一次组织实施的登月任务是欧洲航天局的用于先进技术研究小型任务 – 1（Small Mission for Advanced Research and Technology – 1，SMART – 1），于 2003 年 9 月发射，2006 年 9 月结束（图 8.2）。这次任务的目标是测试和证明离子驱动和小型探测器技术，以及开展月球地质化学调查和在月球南极寻找水冰。SMART – 1 探测器研究了月球，并收集了月球在可见光、红外和 X 射线谱段下的表面形态和矿物组成的数据。从科学研究的角度来看，这些数据十分重要，且它也提供了关于可能进行的月球表面采矿活动以及深层挖掘的有用数据②。

图 8.2　SMART – 1 在月球坠毁前的轨迹（插图来自 ESA）

---

① JUICE 是欧洲下一个大型科技项目，欧洲科技协会，2012 年 5 月 2 日 http://sci. esa. int/cosmic – vision/50321 – juice – is – europe – s – next – large – science – mission/.

② 情况说明书，Smart – 1，欧洲航天局，http://sci. esa. int/smart – 1/47367 – fact – sheet/.

在 16 个月的任务周期里，SMART – 1 的星上传感器积累了大量的观测数据成果，这些数据在项目结束后进行分析，最终按照设定撞向月球表面。伯纳德·福因（Bernard Foing），SMART – 1 项目的首席科学家，根据收集的数据，提出了关于月球的起源和进化理论的质疑。他强调，这些数据表明，月球可能是 45 亿年前，由一颗火星大小的小行星撞击地球形成的。SMART – 1 已经绘制了月球上不同大小陨石坑的地图，研究了月球的火山形成和构造过程，揭开了神秘的月球极区的面纱，并调查了未来可能的勘探地点。

欧洲航天局决定将 SMART – 1 科学任务延长整整 16 个月（比最初计划延长10 个月），使得科学家们能够广泛使用一些创新的观测模式。这项任务的最初主要目标是首次在太空中验证离子推进发动机（太阳能电推进技术）开展星际航行，并允许捕获航天器将其送入围绕另一天体的轨道，同时结合重力辅助进行轨道机动。

SMART – 1 还验证了未来航天器的深空通信技术，实现航天器自主导航的技术，以及首次在月球上使用的小型科学仪器[①]。

■ 8.7　欧洲航天局的深空探测任务："乔托"号、"罗塞塔"号和"柏拉图"号

欧洲第一次深空探测任务——"乔托"号（Giotto）探测器，是在 1985 年 7月发射的，目的是研究哈雷彗星（P/Halley）。除了访问它的目标彗星之外，"乔托"号还访问了 P/格里格 – 谢勒鲁普（P/Grigg – Skjellerup）彗星。事实上，"乔托"号任务于 1992 年 7 月 23 日结束。在哈雷彗星上，探测器发现了氢离子、水（占彗星抛出物质总体积的 80%）、一氧化碳、二氧化碳、甲烷、氨、碳氢化合物、铁、钠，以及两类主要的尘埃粒子（一类主要是轻质的 CHON 元素，即碳、氢、氧和氮，另一类富含矿物质元素，即钠、镁、硅、铁和钙），以及覆盖

---

① SMART – 1 http://www. esa. int/spaceinimages/Images/2006/07/SMART – 1_trajectory_up_to_impact.

彗星表面的一层有机（富含碳）物质①。

随后的深空"罗塞塔"号（Rosetta）深空探测任务于2004年3月发射升空，目的是与67P/楚留莫夫－格拉希门克（67P/Churyumov－Gerasimenko）彗星会合，研究彗星的核心及其环境，并在其表面着陆一个"菲莱"探测器，这个"菲莱"探测器是第一次与彗星直接接触的航天器（图8.3）。"罗塞塔－菲莱"任务发现67P/楚留莫夫－格拉希门克彗星上的水蒸气与地球上的水蒸气完全不同。另一个发现是，当彗星受热蒸发时首先释放出尘埃粒子，而小行星含有大量钠，但没有冰②。

图8.3　"罗塞塔－菲莱"任务的菲莱探测器（插图由欧洲空间局提供）

欧洲航天局正在积极计划另一项深空任务，即计划发射的行星轨道和恒星振动"柏拉图"号（PLAnetary Transits and Oscillations，PLATO）任务，该任务目标是探测和表征围绕太阳系恒星的地外行星系统，重点围绕在宜居带运行的行星，目前的规划发射日期是2024年③。

8.8　欧洲倡议摘要

欧洲航天局正在积极推进一项空间研究计划，探索金星、火星、水星、月

---

① 情况说明书，"乔托"号，欧洲航天局 http://sci.esa.int/giotto/47355－fact－sheet. 及在线：乔托号，NASA，http://nssdc.gsfc.nasa.gov/nmc/masterCatalog.do? sc＝1985－056A.

② 欧洲航天局新闻，罗塞塔观察彗星脱落其尘埃外衣（2015年1月26日）在线：罗塞塔，欧洲航天局 http://www.esa.int/Our_Activities/Space_Science/Rosetta/Rosetta_watches_comet_shed_its_dusty_coat.

③ 在线：总结，柏拉图，欧洲航天局 http://sci.esa.int/plato/42276－summary/.

球、木星及其卫星和深空。这些探索活动的科学目标是综合性的，包括物理、化学和环境测量。这些飞行任务提供了大量数据，说明内太阳系行星系统各组成部分的构成和相对密度，这些数据对今后无论是谁来组织实施的任何太空采矿活动都有益处。

8.9　加拿大和其他国家的倡议

其他一些国家可能明确表示或多少表示对太空采矿感兴趣。这种兴趣在未来可以通过多种方式表现出来。这些国家包括加拿大，下面会详细讨论，还有澳大利亚、巴西、韩国、南非以及其他一些国家。其中一些国家对采矿、机器人、商业太空运输等方面也感兴趣。虽然这些国家或有关公司本身可能不参与完整的太空采矿任务，但可能寻求与有太空采矿完整规划的国家建立伙伴关系。例如，美国的行星资源公司和深空工业公司一直在积极寻找在关键技术方面具有特殊专业知识的合作伙伴，而这种国际合作伙伴关系最终会被证明是有成效的。

为了完成与加拿大近地目标监视卫星（Near - Earth Object Surveillance Satellite，NEOSSat）任务相似的任务，德国航天局（DLR）完成了德国航天局小行星发现（DLR - AsteroidFinder）任务的预审，但由于成本过高，该任务在 2012 年被取消[①]。韩国参与了日本的月球探测任务规划，计划在 2023 年发射一个月球轨道器和着陆器，并在 2030 年进行取样返回任务[②]。总部设在荷兰的"火星"1 号（Mars One）非营利公司，正在考虑到 2023 年将第一批 4 名乘员运送到这颗红色星球，耗资约 60 亿美元。Astronauts 4 Hire 是总部设在凤凰城的非营利组织，正在为其成员提供作为商业专业宇航员候选人的培训，他们可以为研究人员、有效载荷开发者，以及航天器供应商提供任务规划和操作支持。

正如人类历史所表明的那样，其他国家和私营部门——有些积极，有些不那

---

① http://www.dlr.de/fa/portaldata/17/resources/dokumente/abt_17/projekte/handout_asteroid_finder.pdf（最后浏览日期：2013 年 3 月 30 日）.

② Srinivaslaxman, 2017 年计划的日本 SELENE - 2 月球任务, 2012 年 7 月 16 日, 在线：http://www.asianscientist.com/topnews/japan - announces - selene - 2 - lunar - mission - 2017/.

么积极——将试图追随这些发展，努力在外空和至少在我们太阳系的天体上寻找自然资源、财富以及最终实现地外移民。

许多国家正在发展智能机器人、遥操作机器人和空间运输方面的商业能力，一些正在研发相关能力的国家包括韩国、以色列、乌克兰和伊朗。稀土金属的短缺，新航天工业的吸引力，以及与人工智能、智能机器人、远程遥操作和远程能源输送相关的技术在未来的重要性，都可以作为推动全球太空采矿工业发展的动力。

加拿大是一个对太空采矿表现出相当大兴趣的国家，因此下文将其作为典型例子较为详细地讨论加拿大政府及其工业部门、学术和研究界，以及它可能通过与其他国家的伙伴关系成为未来太空采矿工业活动的参与者。

加拿大航天局（CSA）目前的航天战略是更好地了解太阳系和宇宙，在外星人的栖息地寻找生命的迹象，并为人类在太空和其他行星上的永久生存做准备。在这方面，加拿大特别感兴趣的研究集中在火星大气层、地球模拟和火星生命搜索。由于加拿大在机器人技术方面拥有丰富的经验，其目标是保持和进一步发展这种能力，包括先进的机动性和在轨服务系统。加拿大参与了 NASA 的火星样本实验室计划，欧洲/俄罗斯地外行星探测计划，以及美国的小行星样本返回计划OSIRIS – Rex[①]。加拿大正计划在其机器人勘探项目中发展钻探和挖掘能力，以获取次表层样品并开展资源的原位研究。为了准备未来的探索任务，加拿大实验室正在专用地面模拟基地里模拟类似于月球和火星上的条件，对技术进行测试（如钻探、月球车导航等），科学家们正在模拟如何寻找到水，研究与水有关的星表形成，以及在这些地点寻找生命。

加拿大最新的空间探测任务——近地目标监视卫星（Near – Earth Object Surveillance Satellite，NEOSSat），于 2013 年 2 月 25 日搭载印度极地卫星运载火箭（Polar Satellite Launch Vehicle，PSLV）发射升空。这个项目是由加拿大航天局和加拿大国防研发部共同资助的。它的目的是监测小行星以及轨道上的空间物体

① 　查看 OSIRIS – Rex 任务网站在线，http://osiris – rex. lpl. arizona. edu/（最后访问时间：2015 年 8 月 30 日）.

（包括空间碎片），以规避在太空中发生的碰撞。近地卫星将有助于对近地类星体进行编目，从而产出对未来空间探索任务的新目标，定位至关重要的信息。最终，这些信息在决定可能的候选采矿目标小行星时被证明是非常有用的①。

加拿大航天局已经花费了近 1.1 亿美元用于研发先进的机器人技术和空间探测技术。为此，加拿大航天局正在开发几个月球车原型样机，可用于月球或火星的探测任务②。据报道，工业部长克里斯蒂安·帕拉迪斯（Christian Paradis）说："加拿大的卓越声誉是通过几十年的创新和科技进步而树立起来的，如标志性的'加拿大机械臂'，'加拿大机械臂'2 号和 Dextre 机器人。这份遗产将延续到下一代加拿大人和这些行星漫游车身上③。"

毫无疑问，加拿大在空间活动的某些领域（如遥感、机器人技术）一直非常成功并将持续发展。然而，加拿大航天局面临着资金有限和频繁削减预算的长期困难④。例如，加拿大航天局 2012—2013 年的预算为 3.883 亿美元，但 2013—2014 年将降至 3.097 亿美元，2014—2015 年仅为 2.891 亿美元⑤。这表明加拿大政府对其空间计划没有给予高度优先考虑，也没计划更多投资于空间计划。这的确很奇怪，尤其是在中国和印度等国的空间预算经常增加的背景下。预算限制了加拿大航天局独自开展空间自然资源探测和开发利用活动的能力。除了加拿大航天局以外，加拿大其他机构和合作伙伴还积极参与空间自然资源探索的相关领域。

加拿大的学术机构积极参与到空间自然资源的勘探活动中，西安大略大学

---

① Miriam Kramer，星期一发射手提箱大小的卫星去捕捉小行星，2013 年 2 月 24 日，http://www. space. com/19930 - asteroid - tracking - satellite - neossat - launch. html（最后访问日期：2013 年 3 月 13 日）.

② Megangarber，"好奇"号的表兄弟们：会见加拿大航天局的漫游者舰队———组准备探索月球和火星地形的飞行器，2012 年 10 月 23 日，在线：http://www. theatlantic. com/technology/archive/2012/10/curiositys - cousins - meet - the - rover - fleet - of - the - canadian - space - agency/263965/（最后访问：2103 年 3 月 13 日）.

③ Merrylazriel，加拿大航天局揭开月球车舰队的面纱，2012 年 10 月 22 日，在线：http://www. spacesafetymagazine. com/2012/10/22/canadian - space - agency - unveils - rover - fleet/（访问：2013 年 3 月 13 日）.

④ 加拿大通讯社，加拿大太空计划面临预算削减，裁员，2012 年 4 月 9 日，在线：http://www. cbc. ca/news/technology/story/2012/04/09/technology - csa - budget - cuts. html（最后访问：2013 年 3 月 13 日）.

⑤ 加拿大航天局，2012—2013 年关于计划和优先事项，http://www. asc - csa. gc. ca/eng/publi - cations/rpp - 2012. asp 的报告（检索：2013 年 3 月 13 日）.

（The University of Western Ontario，UWO）是这方面的主办机构，它主办了行星科学与探索中心（Center for Planetary Science&Exploration，CPSX），并采用多学科视角积极广泛地参与行星科学、深空探测和空间系统设计等方面的教育、研究和其他相关工作。其研究主题包括天体生物学、宇宙化学、行星大气、行星动力学、行星内部、行星表面、空间系统、空间机器人、遥操作机器人、空间历史、系外行星和地球空间监测等。CPSX 的研究人员还参与了近地天体监视卫星和火星科学实验室的空间任务。

UWO 也是加拿大月球研究网（Canadian Lunar Research Network，CLRN）的所在地。CLRN 是一个由加拿大科学家、工程师和企业家组成的团队，他们共同努力促进月球研究，并促进加拿大与国际研究人员之间的合作。CLRN 的其他成员有劳伦蒂安大学（Laurentian University）、麦吉尔大学（McGill University）、纽芬兰纪念大学（Memorial University）、英属哥伦比亚大学（the University of British Columbia）、圭尔夫大学（University of Guelph）、新不伦瑞克大学（University of New Brunswick）、多伦多大学（University of Toronto）、温尼伯格（the University of Winnipeg）、约克大学（York University）、MDA（MacDonald Dettwiler and Associates Ltd.，）、Optech、奥德赛月球（Odyssey MOON）、NASA 月球科学研究所和开放月球（OpenLunar）。根据 CLRN 的网站的描述，CLRN 目前的指导性研究主题是月球撞击——过程、产品和利用。撞击坑被认为是最重要的月球表面过程。因此，CLRN 的研究侧重于了解月球撞击坑的所有方面。展望过去和未来，撞击坑将一直是人机联合月球探测的关键目标[①]。

北方先进技术中心（Northen Center for Advanced Technology，NORCAT）是一家非营利、非共享的股份制有限公司，位于加拿大安大略省萨德伯里市。查克·布莱克（Chuck Black）说，NORCAT 提供专业的采矿培训、职业健康和安全服务，并为太空采矿任务研发相关技术[②]。

加拿大的一些专业人员、智库、采矿和空间工业协会以及商业游说团体，正

---

① http://clrn.uwo.ca/research.htm（查阅日期：2015 年 8 月 27 日）。
② 加拿大空间研究协会的查尔斯·布莱克的电子邮件（2013 年 4 月 2 日）。

在积极参与有关空间自然资源的讨论。以下是对相关个人和机构及其最近一些活动的简要描述：

加拿大采矿、冶金和石油研究所（The Canadian Institute of Mining, Metallurgy and Petroleum, CIM）是总部设在魁北克省韦斯特蒙特的智库，该研究所于 2013 年 5 月 5 日至 8 日在多伦多组织了一次以"全球领导力——变革的勇气"为主题的会议。其 6 个技术项目之一是行星采矿科学，其中安排了 4 个专题展示，即：月球运输系统公司的托马斯·泰勒（Thomas Taylor）带来的"启动氦 –3 采矿运输"；深空工业公司的大卫·格鲁普（David Grump）带来的"小行星采矿理论和服务于陆空市场的机遇"；夏威夷太平洋大学的克里斯汀·汉森（Christine Hansen）带来的"在商业空间项目管理中开采 PGMs（铂族金属）"；斯托特太空公司的迈克尔·比特纳（Michael Buet）带来的"为地球低轨道制造和有价值材料开采小行星物质"。此外，CIM 与 5 名加拿大大学教授组成的团队进行合作，出席了 2013 年 8 月在蒙特利尔举行的第二十三届世界采矿大会①。

加拿大空间商业协会（The Canadian Space Commerce Association, CSCA）是一个非营利行业组织，致力于推进加拿大相关空间公司的经济、法律和政治环境。2013 年 3 月 7 日，CSCA 在多伦多举行了一次研讨会，主题是商业空间资源利用。会议以一些有趣的专题展示为重点，这些专题与空间自然资源勘探的技术、创业、金融、监管和政策等方面有关②。

有一些加拿大私营企业参与了相关活动，包括空间自然资源开发利用的几个方面。加拿大最大的航空航天公司（MDA）正积极参与设计、制造和供应一些关键部件和子系统以满足世界各国太空采矿任务的需求。此外，这家经验丰富的公司是"奥德赛"（Odyssey）月球任务的主要承包商，该任务目标是开发一个可持续商业运输系统，向月球提供有效载荷服务，以支持科学、勘探和商业活

---

① 加拿大采矿、冶金和石油研究所（CIM）"是加拿大矿物、金属、材料和能源工业专业人员的领先技术学会。"成立于 1898 年，其宗旨是在采矿业促进知识和技术的交流［和］联网、专业发展及联谊。http://www.cim.org/en/About – CIM.aspx（查阅日期：2013 年 4 月 2 日）。

② 大多数演示文稿可从此处下载：http://spacecommerce.ca/events/2013 – csca – 国家会议（查阅日期：2013 年 4 月 3 日）。

动①。MDA 提供了最先进的载荷仪器设备，用于火星探测巡视任务，其主要目的是调查火星上是否存在水。在载人及无人航天领域，MDA 将其用于自主、安全性至关重要的机器人系统的技术，直接应用于贯穿整个探测任务的研究开发，从小型、科学级别的自主勘探巡游器，到大型遥操控的实用载人车。MDA 已支持CSA、ESA 和 NASA 完成了 20 多个与月球和火星相关巡视任务及系统概念研究、技术攻关及建设地面模拟场②。最终，约翰查·普曼（John Chapman），一名私人顾问及 JA 查普曼矿业（JA Chapman Mining）的所有者，一直热情地活跃在该领域③。

　　CSA、专家、私企、学术机构和专业协会在探索空间自然资源这一理念上，表现得越来越积极，但没有人采取任何具体行动，或者开展任何重要且具体的项目，致力于向美国一些私企所宣布的项目靠拢。尽管存在上述情况，加拿大似乎准备在有足够的财政资源时开展这项探索性活动。专家们对将在不久的未来进行空间自然资源探测保持乐观态度，因为从这些活动中获得巨额利润的可能性正变得越来越明确和现实。然而，在加拿大商业界，人们普遍担心目前关于外空资源开发的法律制度。人们常说，不能拥有外层空间的土地和资源是私企充分参与行星探索和开发空间自然资源最严重的障碍。还有人指出，由于没有任何机构来执行关于勘探和开发自然资源的国际法，因此这些法律可以忽略。

　　人们认为，凭借加拿大工业在地球采矿方面的丰富技能、专门知识、技术和经验，它应该能够在太空采矿方面发挥带头作用。虽然这种认可很重要，但首先必须牢记，空间的物理条件（缺乏重力和大气层）与地球上的物理条件有很大不同。其次，外层空间、小行星和行星的法律地位与加拿大领土的法律地位有很大区别，加拿大领土上大多数此类采矿活动都发生过分歧。这些分歧对加拿大采矿业构成严重挑战，如果加拿大希望进入空间自然资源开发和利用领域，就必须

---

　　①　http://www.odysseymoon.com/（查阅日期：2013 年 4 月 2 日）。

　　②　http://is.mdacorporation.com/mdais_canada/Offerings/Offerings_Rovers.aspx（查阅日期：2013 年 4 月 2 日）。

　　③　有关查普曼活动的更多信息，请参见查尔斯·布莱克，"月球和火星采矿作业的机遇，" http://acuriousguy.blogspot.ca/2012/02/opportunities-for-mining-operations-on.html? q = John + Chapman（查阅日期：2015 年 8 月 24 日）。

对这个问题加以考虑。

■ 8.10　小结

谈论太空采矿领域的发展现在仍为时尚早。在太空采矿成为现实之前，除了许多必须面对和克服的技术、经济和商业挑战外，重要的还有法律、监管和标准问题要解决。然而随着时间推移，欧洲，再加上加拿大和其他国家，如澳大利亚、南非、韩国、乌克兰、以色列及这些国家的相关产业，可以成为这一领域的重要参与者。总之，这些国家在政府和工业层面拥有大量的专业技术知识，在今后能发挥出重要价值。

第 9 章

亚洲空间项目：
日本、中国和印度

正如在其他高科技领域那样，日本、中国和印度都在空间领域扮演着越来越重要的角色。因此，对空间自然资源的探索、开发和利用不再是美国、苏联/俄罗斯的特有领域，也不再是欧洲航天局和欧洲各国空间机构的专有活动。在人类及机器人空间探测、先进发射系统和精密行星探测器等领域，世界各地不断增强的空间能力创造了一个新的国际环境。尤其是，这意味着空间自然资源的开发不再局限于传统的科学技术领域，而是开始涉及商业和经济利益，甚至导致国家间的竞争。总之，这是关于未来的问题，未来已成为一个真正的国际政治问题。因此，涉及共同关切的主题——资源共享、环境保护以及防止污染——引起了新的难题，因为它们要求不同国家商定对其主权和经济利益有直接影响的共同原则。

在过去的很多年里，亚洲国家空间项目主要由日本主导，这些任务包括国家航空和航天发展机构（National Air and Space Development Agency，NASDA）、国家航空航天实验室以及东京大学的航天和宇航科学研究院（Institute of Space and Astronautical Sciences，ISAS）开展的各种行星探测研究。自 2003 年 10 月 1 日起，日本将这些活动合并在一起，形成了一家日本唯一的综合性新空间机构——日本宇宙航空研究开发机构（Japan Aerospace Exploration Agency，JAXA）。目前，中国和印度的空间项目也在迅速增长并成果显著。中国项目（中国国家航天局，CSA）和印度项目（印度空间研究组织，ISRO）在其最初阶段非常重视首先发展运载火箭技术。早些时期，航天器的部组件往往由海外供应商提供。过去的 20 年里，这三个亚洲国家的空间项目都蓬勃发展起来，其中包括用于深空探测、空间科学任务及空间应用的国内航天器设计制造能力。本章回顾了这些国家的空间探索项目，这些项目现在已得到一系列成功验证的运载火箭和先进空间探测能力的支持。

9.1　日本空间探测和科学任务

　　ISAS 开展了很多日本早期的行星探测任务研究。表 9.1 提供了 ISAS 于 20 世纪 70 年代和 80 年代实施的太阳和太阳系行星探测任务的清单。ISAS 的突出亮点是在 1990 年，当时它的 MUSES – A 探测器成功地进入了月球轨道，并收集了有关月球表面的科学数据（表 9.1）。

表 9.1　1971—2003 年 ISAS 并入 JAXA 之前的任务

发射日期	发射前名称	发射后名称	任　务
1971 年 9 月 28 日	MS – F2	Shinsei	电离层/宇宙射线/太阳辐射观测
1972 年 8 月 19 日	REXS	丹帕	电离层/磁层观测
1974 年 2 月 16 日	MS – T2	"坦塞" 2 号	技术实验
1975 年 2 月 24 日	SRATS	Taiyo	热层和太阳
1978 年 2 月 4 日	EXOS – A	Kyokko	极光和电离层
1978 年 9 月 16 日	EXOS – B	Jikiken	磁层和热层观测
1979 年 2 月 21 日	CORSA – B	Hakucho	X 射线天文学
1981 年 2 月 21 日	ASTRO – A	Hinotori	太阳能 X 射线观测
1983 年 2 月 20 日	ASTRO – B	Tenma	X 射线天文学
1985 年 1 月 8 日	MS – T5	Sakigake	技术实验/彗星观测
1985 年 8 月 19 日	PLANET – A	SuiseiS	彗星观测
1987 年 8 月 19 日	ASTRO – C	Ginga	X 射线天文学
1990 年 1 月 24 日	MUSES – A	Hiten	行星际技术实验
1991 年 8 月 30 日	SOLAR – A	Yohkoh	太阳 X 射线观测（与 NASA/英国）
1992 年 7 月 24 日	GEOTAIL	GEOTAIL	磁层观测（与 NASA）

续表

发射日期	发射前名称	发射后名称	任　务
1993 年 2 月 20 日	ASTRO – D	ASCA	X 射线天文学（与 NASA）
1995 年 3 月 18 日	SFU	SFU	多用途实验传单（与 NASDA/NEDO、USEF）
1997 年 2 月 12 日	MUSES – B	Halca	空间 VLBI 技术开发
1998 年 7 月 4 日	PLANET – B	Nozumi	火星大气层观测
2003 年 5 月 9 日	MUSES – C	"隼鸟" 1 号	小行星样本返回技术开发

图 9.1　MUSES——由 ISAS 设计、日本发射进入月球轨道的卫星

（插图源由 JAXA 提供）（书后附彩插）

ISAS 更雄心勃勃的项目是 1998 年启动的 B 行星或 Nozumi 探测器，用于观测火星大气层。然而由于探测仪器故障，任务最终失败。

ISAS 合并组建 JAXA 之前的最后一个独立任务是 MUSES – C——一个旨在尝试行星样品采样任务的技术研发项目。作为一家独立的研究所，ISAS 还开发了 M – V 火箭服务，发射了他们自己的一些行星任务，包括"隼鸟" 1 号（Hayabusa – 1）[1]。

即使在 JAXA 成立之后，ISAS 仍在日本的行星探测项目中发挥着主导作用。表 9.2 中所列 ISAS 自 2003 年以来进行的与行星有关的重要任务。

---

① M – V1 – 8 日本火箭系统，http://historicspacecraft.com/Rockets_Japanese.html.

表 9.2　ISAS 与 JAXA 合并后开展的行星研究任务

发射日期	发射前名称	发射后名称	任　务
2005 年 7 月 10 日	ASTRO – EII	Susaku	X 射线天文学
2005 年 8 月 24 日	INDEX	Reimei	技术/极光研究
2006 年 2 月 21 日	ASTRO – F	Akari	红外天文学
2006 年 9 月 22 日	SOLAR – B	Hinode	太阳观测
2007 年 9 月 14 日	Selene	Kaguya	月球轨道器
2010 年 3 月 20 日	PLANET – C	Akatsuki	金星大气观测
2013 年 9 月 14 日	SPRINT – A	Hisaki	EUV 观测
预计 2016 年	Astro – H		X 射线天文学
预计 2016 年	ERG		磁层研究
预计 2016 年	MMO	MMO	水星探测（BepiColombo 的一部分，与欧洲航天局合作进行）

2005 年，JAXA 在正式成立后不久，就规划了自己的航天新构想，称为"愿景 2025"。这份新构想为 2005—2025 年的 20 年期间的 JAXA 制定了发展目标。"愿景 2025"详细描述了太空探索在 JAXA 的长期目标中所扮演的重要角色。在这一愿景之下，日本的目标是成为空间科学的顶级科学研究中心；为建立和利用月球基地开发合理的技术；并且，未来将在月球或地月拉格朗日点建立一个"深空港"。

在"愿景 2025"计划中，日本的发展目标如下：

（1）促进月球开发利用可能性的研究；

（2）发展尖端技术，如机器人技术、纳米技术和微型器械等；

（3）研究和开发太阳能供电技术；

（4）筹备建立有人月球基地；

（5）发展与其他国家的互补关系，以有效探索空间。

该计划设想，在头 10 年内，将利用绕月卫星进一步探索月球。在这段时间内，日本还将寻求政府就是否在开发利用月球资源方面采取重大行动做出决定。20 年后，"愿景 2025" 预计日本将通过在国际月球倡议的实施中发挥作用，从而为国际社会作出贡献①。

JAXA 的 "月亮女神探月" 任务（Selenological and Engineering Explorer mission，SELENE/Kaguya）于 2007 年 9 月发射，正好赶在了中国和印度的首次月球探测任务发射之前。它的任务是了解月球的起源和进化过程。SELENE/Kaguya 携带了 14 种不同的科学仪器，这些仪器在 2009 年 6 月之前运行得相当成功②。该任务的目标是进一步研究月球，以获得有关其组成、地理、表面和次表面结构的信息③。这也将有助于确定未来是否有可能利用月球的自然资源。JAXA 计划让 SELENE 号成为自 "阿波罗" 探月计划以来最大的探月任务。

JAXA 还计划发射 SELENE – 2 号任务，该任务将包括轨道飞行器、着陆器和一个在月球上进行原位研究的月球车。SELENE – 2 号原定于 2017 年发射，但现在可能会在 2018 年或更晚发射。据 JAXA 的冈田达昭（Tatsuaki Okada）称，SELENE – 2 号的设计目的是为未来人类探索开发月球资源的关键技术。这是一项多功能任务，是人类探索的先导④。

SELENE – 2 号，又称 "月球学与工程探索者" 2 号，是日本计划中的机器人月球探测器，SELENE – 2 号，计划作为 2007 年 SELENE（Kaguya）号月球轨道飞行器的接班人。这是一个相当昂贵但也颇有声望的项目，它被认为是日本未来计划建立月球殖民地的关键，并可能在未来使用机器人系统进行太空采矿（图 9.2）。

---

①　"愿景 2025" 计划，http://gidicoded.com/site_ video – download.xhtml? get – id = jgs8G_EScz4&title = JAXA – 2025 – JAXA – Longterm – Vision.

②　Viorel Badescu，前言，《月球：未来能源于物资资源》，Springer，网址：http://link.springer.com/book/ 10.1007/978 – 3 – 642 – 27969 – 0/page/1（Last accessed：March 13，2013）.

③　"月亮女神" 项目，JAXA www.jaxa.jp/missions/projects/sat/exploration/selene/index_e.html（最后访问日期：2015 年 8 月 29 日）.

④　Srinivas Laxman，SELENE – 2，日本计划于 2017 年发射的月球探测器，2012.7.16，网址：http://www.asianscientist.com/topnews/japan – announces – selene – 2 – lunar – mission – 2017/（最后访问日期：2013 年 3 月 13 日）.

图 9.2　SELENE – 2 号正在降落到月球表面（插图由 JAXA 提供）（书后附彩插）

虽然关于能否获得行星资源以及如何获得并将其送回地球的法律和监管问题已得到解决，但技术的发展促使这个问题继续创新研究。这不仅是日本未来的议程，而且正如本章后面将要讨论的，中国和印度也在寻求相关的空间系统能力。

日本也参与了小行星探测活动，耗资 1.5 亿美元研制了"隼鸟" 1 号探测器，于 2010 年 6 月成功完成任务，这是第一个成功完成任务并带回样品的小行星矿物勘探航天器①。2012 年 1 月，JAXA 发布了第一个关于样本研究的国际公告②，并于 2013 年 1 月 9 日发布了第二次公告③。

紧随"隼鸟" 1 号之后，JAXA 耗资 4 亿美元建造一颗新的小行星探测器——"隼鸟" 2 号（Hayabusa – 2）。JAXA 的"隼鸟" 2 号探测器将于 2018 年年中，抵达被命名为 1999 JU3 的碳质小行星，并在 2020 年年底返回地球。小行星 1999 JU3 是一块直径为 920 米的大型太空岩石，它之所以被选中，是因为人们

---

① JAXA. Hayabusa. http://www. jaxa. jp/projects/sat/muses_c/index_e. htmlhttp://www. hayabusa. isas. jaxa. jp/e/index. html（最后访问日期：2015 年 8 月 30 日）.

② JAXA 新闻发布会：关于"隼鸟"样品调查的第一次国际通告（2012 年 1 月 24 日）. JAXA 在线网址：http://www. jaxa. jp/press/2012/01/20120124_hayabusa_e. html（最后访问日期：2013 年 3 月 13 日）.

③ http://hayabusaao. isas. jaxa. jp/（最后访问日期：2013 年 3 月 13 日）.

普遍认为它含有有机物质，并可能含有对研究地球上生命起源有贡献的物质①（图 9.3）。

图 9.3　"隼鸟" 2 号探测器于 2018 年年中采集小行星 1999 JU3 的样本的艺术概念图（插图由 JAXA 提供）（书后附彩插）

正如前面关于欧洲飞行任务的章节所述，欧洲航天局与日本是计划于 2016 年发射的水星探测器贝皮·哥伦布的关键参与者。这项任务将对水星开展全面的探测，这将有助于确定水星与其他行星有多少共同之处，水星有哪些独特的元素以及其他行星的起源和演化②过程。

显然，日本在太空领域有着长期战略目标，这一点早在 20 世纪 70 年代早期 ISAS 积极执行空间任务上得到了体现。JAXA 雄心勃勃的 "愿景 2025" 计划，旨在发展空间机器人和探索月球能力，并最终在那里建立永久的空间基地。日本雄心勃勃的 SELENE – 1 号和 SELENE – 2 号，以及其重要的小行星研究计划如 "隼鸟" 1 号和 "隼鸟" 2 号探测器，都表明面临资源短缺挑战的日本将太空采矿的可能性，视为积极开展空间研究和探索任务的战略目标。

日本通过创建 JAXA 和中止运载火箭方案 ISAS 的 M – V，巩固了日本运载火

① JAXA 计划在 2014 年进行新的小行星采样任务，网址：http：//www. spacesafetymagazine. com/2013/ 01/03/jaxa – sched – ules – asteroid – sampling – mission – 2014/（最后访问日期：2015 年 3 月 15 日）. http：// www. isas. jaxa. jp/e/index. shtml（最后访问日期：2015 年 8 月 30 日）.

② 比皮科伦坡（Bepicolombo）水星探测计划将于 2015 年发射，2012. 2. 28，网址：http：//sci. esa. int/science – e/www/object/index. cfm？fobjectid = 50105（最后访问日期：2015 年 8 月 28 日）.

箭的发展势头。这促进了 H – Ⅰ，H – Ⅱ，H – ⅡA 和 H – ⅡB 计划以及 H – 转移运载器的发展。H – Ⅱ运载火箭在 1998 年和 1999 年共失败了两次。这导致日本国际审查委员会对质量保证方案做出了一系列的调整和改变，最终产生了出色的结果。在过去的 15 年里，H – ⅡA 和 H – ⅡB 运载火箭的体积、容量越来越大，取得了越来越大的成就；与此同时，HTV 也成功地前往国际空间站执行再补给任务①。

■ 9.2　中国的行星探测和研究任务

20 世纪 70 年代，中国也实施自己的空间计划。根据国家需要，中国研制了一批空间应用卫星，并把重点放在完善"长征"系列运载火箭的可靠性和性能上。基于与俄罗斯的密切关系，中国在发展空间基础设施和技术方面获得了俄罗斯的大量技术援助，其中包括目前相当成功的载人航天任务。1976 年，中国成为国际通信卫星组织（Intelsat）的成员，也更多地参与了西方的空间任务。20 世纪 90 年代，中国显著地提高了国家空间任务的水平，并将其重点从空间应用转向开发一系列关键技术，从而支持载人航天的系列研发任务。

2003 年 10 月 15 日，搭载着中国航天员的"长征"二 F 火箭成功发射，这是中国航天事业发展的一个重要里程碑。中国成为继苏联/俄罗斯、美国之后，世界上第三个成功地将航天员送入太空的国家②。

中国还规划了分阶段对月球开展探测，根据其 2011 年的太空活动白皮书，这将包括首次绕月飞行探测、着陆探测及最终的采样返回探测。这份空间战略规划文件指出：中国的探月工程是基于轨道运行，着陆和返回。在第三阶段，中国将开始对月球表面采样，并将这些样品送回地球。来自地外天体的自然资源将在

---

① 航天运载火箭的可靠性 http://www. ewp. rpi. edu/hartford/users/papers/engr/ernesto/cedenc/SMRE/Project/Space% 20Shuttle% 20V ehicle% 20Reliability. pdf 由 9 名日本成员和 8 名来自欧洲和美国的国际成员组成的 17 名国际发射可靠性审查委员会建议，将质量保证和可靠性审查程序从生产线管理中分离出来，这样可靠性问题就可以独立报告。

② 创造历史：中国第一次载人航天，Space. com，2005. 9. 28，http://www. space. com/1616 – making – history – china – human – spacefl ight. html（最后访问日期：2015 年 8 月 30 日）.

这一探索战略中发挥关键作用。中国探月工程首席科学家欧阳自远表示，月球可能是人类未来生存和发展的关键。前中国国家航天局局长栾恩杰也提到，中国有兴趣开发利用在月球表面发现的稀有资源[1]。

2007 年，中国发射了"嫦娥"1 号探测器，耗资 14 亿元人民币（约 1.7 亿美元），用于绘制月球地图，并评估月球上的氦-3 资源。2010 年，"嫦娥"2 号发射升空，搭载了更精密的仪器。根据 2011 年的中国航天活动白皮书："嫦娥"2 号创建了完整的高分辨率的月球地图和高清的虹湾区域图，并完成了几个扩展任务，包括在拉格朗日点 L2 的环绕试验，为未来的深空探测任务奠定了基础[2]。

中国三个阶段的探月工程既全面又雄心勃勃。2013 年 12 月，中国的"嫦娥"3 号和"玉兔"月球车发射升空。该月球车配备了月球探测雷达和钻孔机，用于挖掘月球表面以下 2 米深处的月球岩石。尽管最初出现了一些问题，它仍然运行了一年以上[3]（图 9.4）。

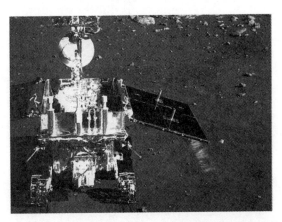

图 9.4　"嫦娥"3 号携带的"玉兔"月球车正在月球表面执行任务
（插图由 JAXA 提供）（书后附彩插）

---

① 白皮书：中国将在未来 5 年内发射月球软着陆轨道飞行器，2011.12.29，http://news. xinhuanet. com/english/china/2011-12/29/c_131333253. htm（最后访问日期：2015 年 8 月 30 日）.

② NASA. gov http://nssdc. gsfc. nasa. gov/nmc/spacecraftDisplay. do? id=2007-051A（最后访问日期：2015.8.15）；中国新闻：中国计划在 2017 年左右登陆月球（2015 年 8 月 15 日），http://news. xinhuanet. com/english/2005-11/05/content_3733767. htm（最后访问日期：2015 年 8 月 15 日）.

③ Spaceflight 101, March 9, 2015, 中国玉兔月球车在月球上运行 64 周后仍能响应，http://www. spaceflight101. com/change-3-mission-updates. html（最后访问日期：2015 年 8 月 30 日）.

中国的探月工程包括原定于在 2017 年发射第五个月球探测器"嫦娥" 5 号和原定于在 2018 年发射的"嫦娥" 6 号①。这两项任务都配备了将月球岩石样本送回地球的设备。

中国的第一个火星探测任务"萤火" 1 号是与俄罗斯"火卫一" 1 号合作的合资项目。此航天器的设计目的是探测火星的环境和磁场。由于"火卫一" 1 号任务发射失败,中国原计划在 2016 年独立发射一个火星探测器②。

中国开展的月球和火星探测活动是世界范围内空间自然资源探测活动的重要组成部分。从技术角度看,中国仍落后于美国,但正在不断提升其空间探测的能力。

然而,由于其发展迅速的经济,与美国、印度、日本的地缘政治竞争,以及考虑到全球对自然资源永无止境的需求,中国似乎决心迅速而稳定地取得进展,成为国际空间计划讨论的重要参与者并积极发声,其中包括与空间自然资源探索有关的讨论。在中国的空间计划中,有一点是不变的,那就是一直十分务实,首先一直非常注重实际应用,起初是通信、广播、遥感、导航和气象卫星,现在主要侧重于月球,月球可能是未来稀土金属和氦 – 3 等空间资源的重要来源。

■ 9.3 印度的空间任务

近年来,印度的空间任务发生了重大转变,从最初的发展空间应用转向追求空间科学和深空探测项目,包括规模宏大的空间任务。在这方面,印度和中国的空间任务类似。

印度正计划定期开展空间科学任务,并在不久的将来开展载人航天任务。印

---

① 中国计划在 2017 年发射第五个月球探测器"嫦娥" 5 号,2011. 3. 3,http://www. moondaily. com/reports/China_Expects_To_Launch_Fifth_Lunar_Probe_Change5_In_2017_999. html(最后访问日期:2015 年 8 月 30 日).

② 中国首个星际探测器撞击火星任务,2012. 1. 20, http://zeenews. india. com/news/space/china – s – 1st – interplane – tary – probe – hits – mars – mission_753748. html(最后访问日期: 2015 年 8 月 30 日);中国会向火星发射自己的探测器吗?,2012. 8. 7, http://english. cntv. cn/program/newsup – date/20120807/100268. shtml(最后访问日期:2015 年 8 月 30 日).

度政府一贯支持空间活动，部分原因是其努力提高印度在世界上的地位，以及提高与北方邻国中国的竞争力，这种竞争在很大程度上是不为人知的。美国加利福尼亚州蒙特雷的美国海军研究生院国家安全事务部门的詹姆斯·克莱·莫尔兹认为，印度和中国之间肯定存在一场争夺地区最高声望和影响力的空间竞赛。有证据表明，两国都在密切关注对方开展的空间活动，并在记录谁的影响力在增强，谁的影响力在减弱①。

自 1969 年成立以来，印度空间研究组织（ISRO）起初地位很低，但它现在已经处于令人羡慕的地位，成为世界第六大空间组织。虽然它的第一个 50 次任务花了 27 年时间，但第二个 50 次任务是在过去的 10 年内完成的。按照目前的规划，将有近 60 项任务会集中在 5 年的时间内完成。分析人士指出，尽管 ISRO 的预算不到 NASA 的 1/10，但自 21 世纪初以来，每年都在增加，已经从 2005 年的 5.9 亿美元增加到目前的 15 亿美元②。

2008 年 10 月，ISRO 首次成功发射了"月船"1 号月球探测器。这项无人探月任务仅花费 7 000 万美元，任务时间远少于同时间中国和日本的发射任务。其目标在于提高印度科技能力与增加月球探测经验；为将来印度的月球资源利用做准备；以及完成高分辨率的月球三维影像，绘制出月球元素图谱、矿物图及地形图③。

印度的首次火星任务仅用 9 000 万美元完成。2013 年 10 月，印度成功发射了火星轨道探测器，其上配备了 5 个高性能试验载荷，包括甲烷传感器、红外光谱仪、火星彩色成像相机、拉曼－阿尔法光度计和火星大气层中性气体成分分析仪。这项任务出色地完成其任务目标，即送一颗卫星到环火轨道上。早在任务发射前，业界人士就表明"仅仅往地火轨道上成功发射一个探测器，将其导航至火

---

① Neeta Lal，印度的太空雄心和太空竞赛在经济低迷的情况下仍在继续，2013.3.8，ASIASENTINEL，http：//www. asiasenti－nel. com/index. php? option = com_content&task = view&id = 5238&Itemid = 404（最后访问日期：2015 年 8 月 30 日）.

② Neeta Lal，印度的太空雄心和太空竞赛在经济低迷的情况下仍在继续，2013.3.8，ASIASENTINEL，http：//www. asiasenti－nel. com/index. php? option = com_content&task = view&id = 5238&Itemid = 404（最后访问日期：2015 年 8 月 30 日）.

③ India launches first Moon mission 22 October 2008，http：//news. bbc. co. uk/2/hi/sci－ence/nature/7679818. stm（最后访问日期：2015 年 8 月 30 日）.

星轨道并运行，就算是没有数据传回，对印度来说，这都将是一项重大的成就[①]"（图9.5）。

图中文字：

Sabis Valles

Mangala

峡谷

沟渠坝

130 km

2014年11月2日在火星轨道高度9 032 km处，由火星轨道器携带的彩色相机拍摄的Mangala峡谷和部分Sabis峡谷区域的图像火星轨道器携带的空间相机分辨率为470 m，从图像中可清晰的看出水流的痕迹。在Mce区域展示出的沟渠坝形状，暗示着沟区域曾经被灾难性的大量洪水冲刷过。

图 9.5　印度火星轨道飞行器拍摄的 **Mangala Valles** 区域图像

（插图由 **ISRO** 提供）（书后附彩插）

"月船"2 号的任务是详细探测月球，预算接近 8 000 万美元[②]。任务最初由印度和俄罗斯联合开展，但是由于 2011 年 12 月俄罗斯火卫一 – Grunt 空间计划失利而导致任务推迟。此后，俄罗斯退出该任务，印度独自继续完成，原计划 2017 年末或 2018 年初发射。

"月船"2 号（Chandrayaan – 2，在梵文中 Chandrayaan 表示月亮船）是"月船"1 号的后续任务。这项任务完全由印度空间研究组织（ISRO）开发，计划由地球同步卫星运载火箭发射至月球。"月船"2 号计划将载有月球轨道飞行器、着陆器及月球车，所有仪器设备皆由印度自主研发。

这次任务的目标是研究月球特定地点，例如月球背面。据 ISRO 称，这次任务的目标是利用轨道飞行器上的探测仪器对月球的起源与进化做进一步理解；使用着

---

① India's Mars Mission Current Status Spaceflight101, May 30, 2015. http://www. spaceflight101. com/mars – orbiter – mission – updates. html（最后访问日期：2015 年 8 月 30 日）.

② Chandrayaan – 2 to cost Rs 426 crore, 9 April 2011, online, http://www. indianexpress. com/news/chandrayaan2 – to – cost – rs – 426 – crore/773971（最后访问日期：2013 年 3 月 13 日）.

陆器与巡视器对月球原位资源进行分析。轨道飞行器上的 5 个有效载荷，其中两个分别是：①红外成像光谱仪（Imaging IR Spectrometer，IIRS），可在较宽波长范围内绘制月球表面成分地图，用于研究月球上存在的矿物质、水分子和羟基；②地形勘测照相机 2（Terrain Mapping Camera – 2，TMC – 2），绘制出月球的三维地理地图来研究月球的矿物与地质①。

　　印度也正在计划首次载人航天任务，目标是将 3 名航天员送入近地轨道并安全返回②。其载人飞船暂时命名为轨道飞行器（Orbital Vehicle），目前计划将这艘飞船作为几次载人飞行任务的基础，先设计用来运载 3 名航天员，之后再升级版本，配备交会对接能力。该飞船重 3.7 t，大部分自主研制，将作为印度首个载人飞船在 400 公里（250 英里）的高度绕地球飞行，计划由 ISRO 的地球同步卫星运载火箭 Mark III 发射。2014 年 12 月 18 日，印度斯坦航空有限公司（Hindustan Aeronautics Limited，HAL）制造的载人飞船进行了首次无人飞行试验，并取得了成功③（图 9.6）。

　　如果这些发射任务仍只是象征性的近地轨道载人飞行任务，随后还会有一个规划，即送一组航天员去月球。目前，这项任务的近况尚不清楚，也没有明确的发射日程。

　　纵观人类历史，我们能够预言，其他国家和私营航天企业（有些在认真做，有些不那么认真）都将会试图追随着太空采矿技术的发展，在行星际空间或者地外天体上，至少在我们的太阳系内，努力寻找空间资源与财富，并实现开发利用。

---

① R. Ramachandran, Chandrayaan – 2: India to go it alone January 22, 2013, online: http://www. thehindu. com/news/national/chandray – aan2 – india – to – go – it – alone/article4329844. ece（最后访问日期:2015 年 8 月 30 日）.

② Srinivas Laxman, Japan SELENE – 2 Lunar Mission Planned For 2017, July 16, 2012, online: http://www. asianscientist. com/topnews/japan – announces – selene – 2 – lunar – mission – 2017/（最后访问日期:2013 年 3 月 13 日）.

③ K. S. Jayaraman（11 February 2009），Designs for India's First Manned Spaceship Revealed, Bangalore: Space. com（最后访问日期: 2015 年 8 月 30 日）.

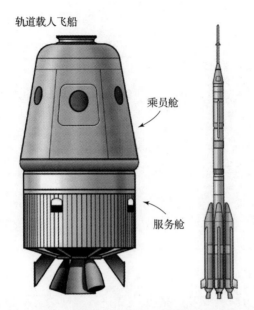

图9.6 印度轨道载人飞船和地球同步卫星运载火箭 GSLV Mark III

（插图由 ISRO 提供）（书后附彩插）

■ 9.4 小结

前面的论述已清晰表明，在这些主要航天国家的空间政策和规划中，都有着对太空探索的强烈关注，且主要集中在月球、火星和一些小行星探测任务上。这些任务背后也都有着明确的、实际的目的。其中最主要的、共同的目的就是去了解空间资源并评价它们的实用性，明确未来的开采目标。虽然目前还未真正实施空间资源的开采，但随着空间推进技术、机械采矿技术、远程电力技术和远程操控技术的发展，其可行性也变得越来越高。一旦真正实施空间资源开采的时候，相关法律、监管及标准的解决就变得至关重要，希望到时候能够建立在全球共识的基础上。

许多人预测，空间资源的利用和开发会在某个时期真正地实现，也许就在不久的将来。与之相关联的又一预测是，各国政府仍将是空间探索的领路人，私营企业也会继续扩大在空间领域的影响。但未来潜在的空间资源开发与利用不会由私营企业掌握，即便他们最终在太空采矿事业中发挥了重要作用。这里强烈建议，需要在私人投资者利益与公共部门利益之间建立良好合理的平衡关系，保护好各利益相关方的权益。

对抗、竞争再加上各种形式的合作似乎是当今世界的秩序，特别是在为获取空间资源而开展的空间探索任务方面上。无论中美还是中印之间，都充分证实了这一点。参与或将要参与这项探索任务的各个国家（及其各自私营企业）的选择与利益也将是不同的，这会使得任何可能的国际监管制度的审议变得更加繁琐和困难。我们应当看到，新的国际政治氛围将呈现出一个不同于 1967 年《外空条约》和 1979 年《月球协定》谈判时的情景了。

第 **10** 章

国际法律制度

　　根据前几章的详细描述，我们看到，除了完成空间探测任务之外，各航天国家也有一个明确而持续的愿景，就是希望勘探并最终开发利用空间资源①。私营企业（非政府部门）越来越多地出现并参与空间活动，呈现出指数级增长的重要趋势。开发利用空间资源已经成为一个真正的国际问题了，具有深远的政治、经济和战略影响。因此，一些共同的国际热点问题，如空间资源开发的自由度、开发的利益共享、开发的有序性和可持续性、环境保护、安全标准与程序、以及如何就管理这些活动的法律原则达成共识的困难度等，毫无疑问都将对各国及其他利益相关方的政治或商业利益产生直接影响。

　　这里有几个核心问题：①外太空是否能真正建成"全球公域"；②关于空间防御系统的性质存在许多悬而未决的关注，最终会不会导致在外太空部署武器或者军队；③空间经济在未来的规模，会不会是最终形成世界经济利益的重要组成部分。

　　虽然在撰写本书时，这些都还没有发生，但空间资源开发的可行性正变得越来越高。当空间资源真正开始开发利用时，法律问题以及由此产生的影响都会对它的成功开展显得至关重要。因此，要积极预测并且解决其中一些法律问题，从

---

　　① "太空探索"一词是指利用无人和载人航天中有关行星际空间发现和天体（除地球外）资源探测的一切活动。另外，"开发"一词指开采和提炼自然资源，主要用于商业目的。参考：Ram Jakhu, Twenty Years of the Moon Agreement: Space Law Challenges for Returning to the Moon（2005）ZeitschriftfürLuftundWeltraumrecht, 244.

而确保在其真实可行之时，能有序地实施空间资源的开发利用。本章重在描述和分析管理空间资源探索、开发和利用的现有国际法律框架（及其缺点）。

国际空间法管辖以任何形式开展的空间活动，其中包括行星际空间和地外天体上资源的探测、开发和利用。1967—1979 年，经联合国和平利用外层空间委员会（UN COPUOS）主持通过，将许多原则、规则和条例编纂成五项空间法协议①。1967 年《外空条约》是联合国五项空间法协议中的第一个也是最被广为接受的协议②，其提出目的就是建立一般性原则，希望在未来应用于太空活动治理中，故而它为缔约国规定了具有约束力的法律义务。事实上，1967 年《外空条约》所提出的一些原则已成为国际惯例法，因为它们已经广泛地被国际社会接受，与之相关的国家惯例也都已达成一致③。因此，无论是否为 1967 年《外空条约》的缔约国，这些原则都是平等适用的。

1979 年《月球协定》是联合国外空委员会主持下通过的第五个也是最后一个国际空间法协议，它经过具体谈判而通过，为人类探测、开发和利用月球及其他天体的资源制定了原则与规定。迄今为止，《月球协定》已有 4 个国家签署，并得到 16 个国家的批准④。该协定于 1984 年 7 月 11 日生效，但其规定的适用范围仅限于 16 个缔约国。1967 年《外空条约》和 1979 年《月球协定》是两个直接与月球及其他地外天体资源的探测、开发和利用相关的联合国空间法协议。因此，本章只分析这两个协议的规定。

为正确地理解现行形式下适用的法律（现行法），可根据《维也纳条约法公

---

①　这五项空间法协议为：《关于各国探索和利用包括月球和其他天体在内的外层空间活动的原则条约》，1967 年 1 月 27 日，18 UST 2410，TIAS 6347，610 UNTS 205【1967 年《外空条约》】；《营救宇航员、送回宇航员和归还发射到外层空间的物体的协定》，1968 年 4 月 22 日，19 UST 7570，TIAS 6599，672 UNTS 119【1968 年《营救协定》】；《空间物体造成损害的赔偿责任公约》，1972 年 3 月 29 日，24 UST 2389，TIAS 7762，961 UNTS 187【1972 年《赔偿责任公约》】；《关于登记射入外层空间物体的公约》，1975 年 1 月 14 日，28 UST 695，TIAS 8480，1023 UNTS 15【1975 年《登记公约》】；《指导各国在月球和其他天体上活动的协定》，1979 年 12 月 18 日，18 ILM 1434，1363 UNTS 3【1979 年《月球协定》】。

②　截至 2016 年 4 月 4 日，该条约已有 104 个缔约国，另有 25 个国家已签署但未批准。条约文本见本书附录 A。

③　参考 Ronald L. Spencer Jr，《International Space Law：A Basis for National Regulation》in Ram S Jakhu，ed.《National Regulation of Space Activities》（Heidelberg：Springer，2010），p. 1。

④　截至 2016 年 4 月 4 日，《月球协定》共有 16 个缔约国。其中 4 个已签署但未批准的国家是法国、危地马拉、印度和罗马。协议文本见本书附录 A。

约》第31条第（1）款中所规定的关于解释条约的一般规则①。这项条款规定：条约应依其用语按其上下文并参照条约之目的及宗旨所具有之通常意义，进行的善意解释。此外，不得将现行的法律（现行法）与应有的法律（拟议法）或曾应有的法律相混淆。而且应牢记，国际条约通常是参与条约谈判进程的各个国家所持有和提出的不同观点间折中的结果，这些结果会被纳入该条约的各个部分或条款中。所以，要想充分理解一项条款所规定的原则或法律的确切性质和范围，就不得只关注单项条款，而是必须要阅读该条约的所有规定或条款，或与之相关的其他条约的规定或条款。阿瑟·戈德堡（Arthur Goldberg）大使曾代表美国参加《外空条约》谈判，他在美国参议院外交委员会上就《外空条约》发表演讲，准确地阐述了上述原则。他强调：任何文件都必须完整阅读，一定要参照第二、第三、第四条乃至全文来阅读第一条。不能孤立地阅读其中的一部分，当把它作为一个整体来读时，才能理解这个条约的意义②。在本章，我们将遵循这种方法，以便能对《外空条约》及《月球协定》的确切内涵和规定范围做出一个清晰的理解。

国际空间法是国际法的一个专门分支。因此，其默认规则是可以诉诸国际法的一般原则，来解决国际空间法的现有专门机构未具体解决的新情况。除了五项联合国空间法条约规定外，还有许多其他国际法律原则、规则和越来越多的指导原则（一些评论者称为"软法"规则），这些也都在国际层面上指导着空间活动，它们一定程度上可加以调整去适应包括天体在内的外太空独特环境。还有一些地球"全球公域"管理资源开发和环境保护的一般国际法原则，也可为未来制定空间资源开发和利用的国际管理制度提供参考。但是，在制定一般性原则时，必须要极为谨慎，以免将特定为管理地球活动制定的法律制度大规模地照搬到管理空间活动上去。因为外层空间的物理环境是独特的，有很多是不同于地球环境的。所以若不能谨慎处理，注定会面临失败。

---

① 《维也纳条约法公约》，1969年5月23日，1155 UNTS 331［VCLT］.

② 美国参议院外交委员会就《外空条约》听证会，美国参议院第90界国会第一次会议，Executive, D, 90th Congress, First Session, 1967年3月7日、13日，四月12日，第33、34页。

10.1　1967 年《外空条约》

1957 年开始的太空时代，不仅在推动全球科学技术进步方面，而且在制定相关国际法方面，都迎来了一个前所未有的新时代。国际社会在 1961 年根据联合国大会的一项决议承认了这一事实，该决议强调了以下原则：

（1）人类在促进外层空间的和平利用方面的共同利益，以及在这一重要领域加强国际合作的迫切需要。

（2）不论其经济或科学发展的阶段如何，都应为人类的福祉和所有国家的利益而专门进行探索和利用外层空间。

（3）根据国际法，所有国家均可自由探索和利用外层空间和地外天体，不得为国家占有[①]。

这些规定经过细微的修改，被纳入联合国大会 1963 年决议的执行部分以及《外空条约》的具有约束力的规定中[②]，从而使它们享有国际法的地位。联合国大会于 1967 年一致通过了《外空条约》。该条约的一致通过凸显了各国之间的共识，这体现了对实现对于外层空间的探索和利用在科学和法律方面的广泛的合作需求，这种合作是为了和平的目的以及国家和人民之间的进一步相互理解和更加巩固的友好关系[③]。

10.2　共同利益原则与探索和利用外层空间的自由

《外空条约》第一条的相关部分如下。

探索和利用外层空间，包括月球和其他天体，应本着为所有国家谋福利与利益的精神。不论其经济或科学发展程度如何，这种探索和利用应是全人类的事情。

---

① 联合国大会 1961 年 12 月 20 日第 1721（XVI）号决议。
② 联合国大会，《各国探索和利用外层空间活动的法律原则宣言》，第 1962（XVIII）号决议，于 1963 年 12 月 13 日未经表决通过。
③ 《外空条约》，序言。

外层空间，包括月球和其他天体在内，应由各国在平等基础上并按国际法自由探索和利用，不得有任何歧视，天体的所有区域均得自由进入。

《外空条约》第一条包含所谓的共同利益原则。它是由发展中国家（以巴西为首）在联合国外空委中提出的，目的是未来在它们最终具备经济和科学能力时，这会从法律上保护和保障它们的探索和利用外层空间和天体的权利。可以指出，在条约的有约束力或可执行部分，而不是在不具约束力或理想的序言中纳入这一原则是妥协的结果之一，这为条约的最终通过铺平了道路。在联合国外空委完成条约草案后，美国代表声明：

空间大国和其他国家表现出的妥协精神产生了一项条约，该条约在所有有关方面的利益和义务之间建立了公平的平衡，包括尚未开展任何空间活动的国家……（第一条）比如，禁止通过主权主张进行国家占有的规定，是对目前没有自己的空间方案的国家的有力保障①。

尽管认识到需要实现利益平衡，但仍有几个定义问题需要澄清。首先，"天体"一词没有精确的定义。它是包括太空中所有的大小天体，还是只指大型行星体和自然卫星，如月球没有国际公认定义的情况下，应使用"天体"的一般含义。根据今日宇宙网的说法，"天体是指地球大气层之外的任何自然物体②。"因此，任何小行星都是天体，无论它是已知的还是未知的，无论它的尺寸、轨道、速度和离地球的距离是多少。小行星谷神星的大小大约等于得克萨斯州，它是迄今为止在火星与木星之间地带的最大最重的一个天体。小行星克鲁塞恩有点小而模糊，除非你考虑到它被锁定在与地球 1 : 1 的轨道上③。"曼弗雷德·拉克斯（ManfredLachs）在《外空条约》谈判期间担任联合国外空委法律小组委员会主席，并担任国际法院院长，他恰好注意到，有无数的天

---

① 大会正式记录，第二十一届会议，第一委员会，会议简要记录，第 1492 次会议，1966 年 12 月 17 日，UN Doc. A/C. 1/ SR. 1492, pp. 427 –428. （重点增加）。同样，苏联代表指出，第一条第 1 款不是仅仅国家权利的声明，而是旨在确保不只是个别国家而是所有国家和国际社会作为一个整体的利益将受到保护。UN. Doc. A/A C. 1 05/C. 2/SR. 57（20 October 1996），at 12.

② Jerry Coffey, CELESTIAL BODY, UNIVERSE TODAY, 2009 年 12 月 27 日，网址：http://www.universetoday. com/48671/celestial – body/.

③ 同②。

体，从巨型的到微型的陨石，但其大小不能被作为检验其法律地位的标准，并认为："目前相关文书中使用的'天体'一词应被视为外层空间所有'陆地区域'最大共同点。"① 为了确定天体是否属于现有国际空间法的范围，而根据大小对天体进行任何分类都是武断的、有争议的和在法律上站不住脚的。因此，总而言之，所有行星、彗星、恒星、小行星和陨石，无论其大小、形状和轨道如何，都是天体，并且必须被视为受国际空间法包括《外空条约》和《月球协定》所管辖。

《外空条约》第一条反映了自由探索和利用外层空间的基本原则，也称为"自由原则"。这种自由是设计出来的，并认为具有广泛的性质和范围，因为《外空条约》的目标是为所有空间活动，建立一个国际管理制度，而不是管理任何具体的活动。

总的来说，许多国际条约都是被动的。它们常常被用来解决某些现存的问题，并且常常包含对国家特定行动的禁止或限制。相反，《外空条约》本质上是积极主动的。尽管美国和苏联这两个国家基本上是当时仅有的参与空间活动的国家，但国际社会在空间活动成熟之前，已经就该条约进行了谈判。因此，该条约旨在包含一些禁令，但也包含国家的一些行动自由和许多规范性义务，该条约的所有的缔约国都必须遵守这些内容。必须理解的是，第一条涵盖了《外空条约》缔结时所有已知或未知的空间活动，无论这些活动是否在条约中有被具体和明确地提到。例如，卫星遥感活动在当时是已知的，但是在条约中并没有被具体提到。虽然在起草条约时既不知道也没有提及私人空间站的运行、主动清除空间碎片和卫星在轨维修，但它们都属于条约的范围，因为它们都可以用"空间活动"一词来概括。

由于在《外空条约》没有定义关于"探索"和"使用"的术语的含义，因此必须根据这些术语在上下文中被赋予的一般含义，并且根据条约的目的和宗旨，如实地对其解释。因此，它们应当被理解为在一般的情况下所表达的含义，包括应用当前和未来的空间技术开发空间自然资源。此外，第一条具有声明性质，它承认不只是《外空条约》缔约国，而是包括所有的国家，探索、利用和

---

① Manfred Lachs, The Law of Outer Space: An Experience in Contemporary Law – Making, 1972, p. 46.

开发外层空间和天体的自由。此外，不仅国家，而且其公共和私营实体（私营公司）也有权享有这种自由，尽管后者只能根据（由）各自国家的授权（许可）和持续监督行使条约中包含的自由①。换句话说，私营公司，至少是那些受《外空条约》缔约国管辖的私营公司，未经各自政府许可，不得开展任何空间活动，包括开发空间自然资源。

　　各国可单独或通过合资企业或国际政府间组织，与其他国家或其公共或私人实体合作行使第一条所保障的自由②。这种国际组织不能成为条约的缔约方，也不能宣布接受其中规定的权利和义务。然而，在所有情况下，遵守《外空条约》所有条款的责任由有关国家承担，即使空间活动是由国际组织开展的。《外空条约》第六条还规定了有关国际组织（以及参加该组织的条约缔约国）遵守条约规定的责任；然而在实践中，当一个国际组织不是条约缔约方时，确保该组织遵守条约可能会成为一项艰巨任务。

　　必须铭记，虽然探索、使用和开发的自由在性质和范围上是广泛的，但它肯定不是不受约束和绝对的，必须在《外空条约》和其他适用的国际法原则和规则所规定的限度内（规定的参数或允许的范围内）行使。《外空条约》第一条本身包含了对行使探索、利用和开发的自由的三个主要限制或要求。国家必须行使其自由"不加任何歧视"、"在平等的基础上"和"根据国际法。"结合《外空条约》第一条的序言和规定来看，"不加任何歧视"一语意味着第一批外层空间和天体的探索者、使用者和开发者，不能利用其他国家的迟到作为损害后来国家探索、利用和开发外层空间的自由的依据。"在平等的基础上"一语表明所有国家自由权利的法律平等，这意味着在法律上平等（法律上的平等）或《联合国宪章》第二条所承认的"主权平等"③。最后，"根据国际法"一词要求遵守协定国际法和习惯国际法以及《联合国宪章》的当前和未来原则和规则。这方面一个

---

① 《外层空间条约》，第六条。
② 《外层空间条约》，第十三条。
③ 《联合国宪章》，1945 年 6 月 26 日，CAN TS 1945 No 7。

有趣的例子是禁止滥用权利①。

《外空条约》的其他条款对第一条所保障的"自由的行使"规定了以下三项具体限制：①遵守共同利益原则的要求（如上所述）；②第二条规定的禁止国家占有；③第九条规定的"适当考虑条约所有其他缔约国的相应利益"的要求。从国际法的角度来看，国家或者国家所负责的实体在上述（和其他适用的）限制或要求之外，或有违反这些限制或要求行使第一条规定的任何自由都是非法的。《外空条约》缔约国的任何此类非法行动都可能引发国际冲突，从而可能使该国进一步违反第三条规定的义务；即"为了维护国际和平与安全以及促进国际合作与理解"而开展空间活动的义务②。违反任何国际义务都需要承担国际法规定的国际责任。

▦ 10.3 禁止占用外层空间和天体

虽然《外空条约》第一条分别包含一条规定性条款和一项自由，但《外空条约》第二条规定了该条约中为数不多的禁令之一。它规定包括月球和其他天体在内的外层空间，不得通过主权主张、使用或占领或通过任何其他方式为国家占有。

第二条包含了所谓的"不占用原则"，是对共同利益和自由原则的补充和必要前提。如果允许一些国家占有人类的这些公地，外层空间和天体就不能被所有国家自由探索和利用，也不能为所有国家的利益服务。在 1969 年 7 月 31 日举行的广播卫星工作组第二届会议期间，美国驻联合国外空委代表赫伯特·雷斯（Herbert Reis）在一份声明中表达了《外空条约》第二条的基本原理和目的。

《外空条约》的谈判历史表明，第二条的目的是禁止重复 16 世纪、17 世纪、18 世纪和 19 世纪形成的获取海外领土国家主权的竞赛。该条约明确规定，任何

---

① 亚历山大·基斯认为，基于国际法，权利的滥用是指一个国家以阻碍其他国家享受其自身权利的方式或者为了一个与该权利产生不同的目的行使权利：亚历山大·基斯，"权利的滥用"，2006 年，网上可查阅牛津国际公法：http://opil. ouplaw. com/view/10. 1093/law：epil/9780199231690/law – 9780199231690 – e1371 承认对权利的滥用的禁止"因概念本身的内容差异而存在困难"，基丝认为"权利和权限的主体（国家）可以滥用这些权利和权限的观点似乎是法律思维所固有的，并植根于所有法律制度，并且导致建立了对公认权利的使用控制。"

② 《外空条约》，第三条。

空间使用者不得主张或寻求建立对外层空间或天体的国家主权①。

这一声明反映了谈判国的强烈希望停止将国家主权延伸到其他领土的传统做法，这种做法在地球上和整个人类历史上，已经导致数百万人的野蛮殖民（和死亡）、无数悲剧、无数残酷的战争、疾病的蔓延、环境的恶化以及肆无忌惮地开采甚至耗尽自然资源。这也清楚地解释了，为什么要在《外空条约》第二条中纳入一项广泛使用的禁止占用的规定。

《外空条约》第二条禁止国家占用外层空间和天体，但对未提及个人或私人实体的占用问题。斯蒂芬·戈洛夫（Stephen Gorove）认为，代表自己或代表另一个人或私人协会或国际组织行事的个人，可以合法占有外层空间的任何部分②。对《外空条约》第二条的这种解释，是不合逻辑和站不住脚的③。如上所述，各国有义务确保其私人实体遵守《外空条约》的规定。如果允许私人占有外层空间和天体，这将违背条约的宗旨，使共同利益和自由原则无效。此外，《外空条约》的谈判历史清楚地表明，公共和私人财产权都不允许出现在外层空间和天体上。例如，1966 年 8 月 4 日，比利时驻联合国和平利用外层空间委员会代表指出，几个代表团提出的"非占有"一词，显然与其他代表团的说法不矛盾，它既包括主权主张，也包括私法中财产所有权的设定④。同样，1967 年 12 月 17日，法国驻联合国和平利用外层空间委员会代表强调，1967 年《外空条约》的一项基本原则是禁止任何对空间主权或财产权的主张⑤。根据曼弗雷德·拉克斯（Manfred Lachs）的说法，天体不能成为所有权的主体⑥。同样，曼弗雷德·A.多斯（Manfred A. Dauses）博士认为，"以使用方式占有"一词，可解释为对空间或天体特定部分的某些用途确立了专属权，如道路专用权或对空间资源的垄断

---

① 引自 Erik N. Valters, Perspectives in the Emerging Law of Satellite Communications（1970）5 Stanford Journal of International Studies 53, at 66 – 67. 也引自 Kathryn M. Queeney, Direct Broadcast Satellites and the U-nited Nations, BRILL1978, 9. 54.

② 21 Stephen Gorove, Interpreting Article II of the Outer Space Treaty, 37 Fordham L. Rev. 349 (1969), at 351.

③ Ram Jakhu, Legal Issues Relating To the Global Public Interest in Outer Space, 32 Journal of Space Law (2006) 31, at 44 – 46.

④ 引自 Carl Christol, Article 2 of the 1967 Principles Treaty Revisited, IX (1984) Annals of Air and Space Law, 217, at 236.

⑤ 同上，第 218 页。

⑥ Manfred Lachs，前注 14。

性开采①。

　　显然，不占有原则禁止以主权主张、使用或占领、或任何其他方式占有外层空间。这一有意设计的规定非常广泛，它绝对清楚地表明，获取领土的传统手段或任何其他手段，都不能成为占有外层空间、天体的正当理由或其部分的理由。《外空条约》第二条规定的不占有原则中出现的"使用"概念的含义，必须根据第一条的规定来考虑，《外空条约》第一条表示"使用"自由的原则，必须包括对外层空间和天体自然资源的开发。虽然允许所有国家，包括其政府和非政府实体"使用"外层空间，但在任何情况下，任何数量的这种"使用"都不足以证明，对包括月球和其他天体在内的整个或任何部分外层空间的主权或所有权的主张是合理的。对《外空条约》第一条和第二条含义的这种解释意味着，开发月球和其他天体的自然资源构成了《外空条约》规定的自由原则所设想的外层空间的利用。然而，就《外空条约》第二条而言，这种使用不会也绝不会构成外层空间的"国家占有"，从而产生所有权②。

　　《外空条约》第二条规定的不占用原则中出现的"使用"概念的含义，必须根据第一条的规定加以考虑，该条表示"使用"自由的原则，必须包括对外层空间和天体自然资源的开发。尽管所有国家，包括其政府和非政府实体都允许"使用"外层空间，但在任何情况下，任何数量的这种"使用"都不足以证明对整个或任何外层空间，包括月球和其他天体的主权或所有权的主张是合理的。这种对《外空条约》第一条和第二条含义的理解意味着，对月球和其他天体的自然资源的开发构成了对外层空间的使用，这是《外空条约》所规定的自由原则所设想的。然而，就《外空条约》第二条而言，这种使用不可能，也永远不能构成（对外层空间）的"国家占有"，从而产生所有权③。

---

　　①　Manfred A. Dauses, THE RELATIVE AUTONOMY OF SPACE LAW，可上网查阅：https://opus4. kobv. de/opus4 - bamberg/fi les/6652/The_Relative_Autonomy_of_Space_LawOCRseA2. pdf.

　　②　Steven Freeland and Ram S Jakhu, "Commentary on Article II of the Outer Space Treaty" in Stephan Hobe, Bernhardt SchmidtTedd& Kai - Uwe Schrogl, eds, Cologne Commentary on Space Law V ol. 1（Cologne：Carl Heymanns Verlag, 2010）at 53.

　　③　Steven Freeland 和 Ram S Jakhu，《外层空间条约》第二条之评析，Stephan Hobe, Bernhardt SchmidtTedd 和 Kai – Uwe Schrogl 编，载于 Cologne《空间法评论》第 1 卷第 53 期。（Cologne：Carl Heymanns Verlag, 2010 年）

自《外空条约》通过以来，已有国家多次试图在外层空间或天体上占有或主张所有权。1976 年首次尝试占用外层空间的一部分。八个赤道国家（巴西、哥伦比亚、刚果、厄瓜多尔、印度尼西亚、肯尼亚、乌干达和扎伊尔），根据所谓的《波哥大宣言》宣称地球同步轨道的部分是赤道国家行使国家主权的领土的一部分[①]。国际社会拒绝接受这一声明，因为它违反了《外空条约》，特别是其中的第二条[②]。应当指出的是，美国政府的三个部门（立法部门[③]、行政部门[④]和司法部门[⑤]）已宣布接受并尊重适用于公共和私人实体的不占用原则。同样，中国[⑥]和加拿大法院[⑦]已经证实了外层空间、月球和其他天体的非专有性。弗里兰德（Freeland）和杰考（Jakhu）恰当地得出结论，《外空条约》第二条规定的

---

① 各国代表团团长 1976 年 12 月 3 日在波哥大通过并签署的《赤道几内亚国家第一次会议宣言》。《宣言》全文可在以下网址查阅：https://bogotadeclaration.wordpres s.com/ —1976 年宣言／。

② Ram Jakhu，"地球静止轨道的法律地位"，第七部航空和空间法编年史，1982 年，第 333 – 352 页。

③ 根据《2015 年空间资源勘探和利用法》第 403 节（51USC 第 4 章，Pub. L. 114 – 90；HR2262 号法案），美国国会于 2015 年 11 月 25 日发表了美国总统奥巴马（Barack Obama）签署的一项域外主权声明：通过颁布该法案，美国不因此主张对任何天体的主权或专属权利或管辖权或所有权。

④ 2000 年 2 月 16 日。Gregory Nemitz（美国圣迭哥轨道开发公司首席执行官）向 NASA 提出索赔，要求支付 NASA 近地小行星会合 Shoemaker 航天器 20 美元的"停车/储存费"，该航天器降落在小行星 433Eros 上，其依据是"自 2000 年 3 月 3 日以来，轨道发展公司通过向阿基米德研究所提出的财产索赔，拥有了 Eros（参见 http://www.orbdev.com/010309.html）。2001 年 3 月 9 日，NASA 总法律顾问 Edward A. Frankle 驳斥了这一说法，他对 Nemitz 的答复是，NASA 的立场是：美国加入的 1967 年《外层空间条约》第二条规定，"外层空间，包括月球和其他天体，不以主权主张、使用或占领或任何其他方式被国家侵占。" 610 U. N. T. S. 205，18 U. S. T. 2410. 如果轨道发展公司或其负责人是美国国民，则该条约条款似乎将排除对拥有 Eros 的任何主张。因此，NASA 目前拒绝支付所要求的款项。

⑤ Nemitz 对 NASA 的回应不满意（同上），将其案件转至内华达州联邦地方法院，该法院驳回了他对小行星的私有财产权的主张，裁定"美国没有批准《月球协定》和《外层空间条约》，在 Nemitz 创造了任何关于小行星私有财产权的权利。" Nemitz 诉美国，单据副本，2004 年，WL 316704，内华达州，2004 年 4 月 26 日。在上诉中，第九巡回上诉法院"基于地方法院陈述的理由"维持了下级法院的裁定。Nemitz 诉 NASA，联邦调查局 126。Appx. 343（2005 年 2 月 10 日，内华达第九巡回法庭）。

⑥ 2007 年，北京市第一中级人民法院驳回了月球驻华大使馆（Lunar Embassy In China）公司出售月球地块的行为，称任何个人或国家都不能声称对月球拥有所有权。最高法院在其发言中指出中国是《外层空间条约》缔约国的事实，该条约禁止侵占外层空间及其部分。参见法院驳回月球大使馆出售月球土地的权利，新华社 2007 年 3 月 17 日，网址：http://www.china.org.cn/ english/China/203329.htm。另见北京当局暂停"月球大使馆"许可证，2005 年 11 月 7 日，可在线查阅：http://en.people.cn/200511/07/ eng20051107_219609.html.

⑦ 2012 年，法官 Alain Michaud 宣布魁北克籍男子 Sylvio Langevin 为吵架诉讼人，禁止他提起诉讼，要求拥有 9 颗行星，4 颗木星的卫星以及天体之间的空间的所有权。参见 Brian Daly，Man 起诉 QMI 机构，要求拥有大部分太阳能系统的所有权，2012 年 3 月 1 日，在线访问：http://cnews.canoe.com/CNEWS/ WeirdNews/2012/03/01/19445846.html.

禁止占用已成为习惯国际法的一项规则（以强制法规范的形式①），因此适用于所有国家，无论是否为《外空条约》的缔约国。所有国家不仅有义务遵守《外空条约》第二条规定的原则，而且有义务确保其各自的非政府实体，不以任何方式或形式采取违反这一重要法律规范的行为②。

10.4　禁止占用空间自然资源

由此产生的问题是，禁止侵占外层空间和天体是否延伸到其自然资源。换句话说，某国或国企及私人公司在太空中开采、占有或拥有自然资源而将所有其他国家及其企业排除在外是否合法？对这些自然资源行使私有财产权是否符合《外空条约》的规定？

空间法领域的一些作家③和国家，特别是美国认为《外空条约》第二条并不禁止开采自然资源。换句话说，虽然月球和天体的表面并不适用于遵守《外空条约》的规定，但它们的自然资源还是可以使用的。这种观点似乎是 2015 年《美国太空法》背后的理由。据此，可以授权美国公民（包括私人公司）从事商业探测和开发利用不受有害干扰的空间自然资源，但是也要承担美国的国际义务，并受到联邦政府的授权和持续监督④。

该法的国家法律效用将在本书的第 11 章中讨论。在那里分析了该法的条款及其与《外空条约》的兼容性之后，国际空间法研究所（International Institute of Space Law，IISL）董事会于 2015 年 12 月 20 日发表了关于空间自然资源开采的

---

① 根据《维也纳条约法公约》第 53 条，强制法原则是一般国际法的强制性规范，是整个国家国际社会接受和承认的规范，是不允许减损的规范，只能由具有相同性质的随后的一般国际法规范加以修改。同上。

② Steven Freeland 和 Ram S Jakhu，同前①，第 63 页。

③ 例如，Tanja Masson – Zwaan 报告认为现有条约似乎并不禁止对提取资源的所有权；在 Marcia S. Smith 中，Posey，Kilmer 引入 ASTEROIDS 法案，授予小行星资源财产权，2014 年 7 月 10 日，可在网上查阅 http://www. spacepolicyonline. com/news/poseykilmer – introduce – asteroids – act – to – grant – property – rights – to – asteroid – resources.

④ 2015 年《空间资源探索和利用法案》第 403 节（《美国法典》第 51 编第 IV 章，出版号 L. 114 – 90；法案 HR 2262）。有关该法案的文本，请参见本书的附录.

立场文件①。国际空间法研究所的立场是鉴于《外空条约》没有明确禁止占用资源，因此可以得出结论，允许使用空间自然资源②。

谨慎的说，IISL 立场的理由和依据似乎并不完全准确，因此其特征、结论和影响可能不会得到现行法的支持。

第一，IISL 的立场似乎是基于国际法"不禁止即允许"的概念。附带意见③的概念在 1927 年"莲花"法案（Lotus case）④ 中被国际常设法院采用。国际常设法院关于"莲花"真正问题的附带意见和推理，受到学者的广泛批评，也遭到国际法院和国际社会的拒绝⑤。此外，几位著名的空间法学者，包括曼弗雷德·拉克斯（Manfred Lachs）和卡尔·克里斯托尔（Carl Christol），都明确宣称，"莲花"法案的理论基础（包括上述概念）不适用于外层空间事务⑥。

第二，如果允许使用空间资源，那么就产生了"许可"的来源（法律依据）问题。有人认为，《外空条约》第一条第二条二款所保障的自由，是允许在外层太空开采资源的来源（法律依据）。换言之，开发这些自然资源的自由是在《外空条约》之内，而不是在建立国际法律制度的条约之外⑦。

第三，外层空间条约使用"探索和使用"一词"而不是"开发"外层空间和天体及其自然资源。如上所述，《外空条约》第一条规定的"使用"外层空间包括"资源开发"。如果"使用"根据《外空条约》第一条是指对空间自然资源

---

①　国际空间法研究所的立场文件案文可在国际空间法研究所查阅：http://www. iislweb. org/docs/Space Resource Mining. pdf

②　同①，10. 2 节第二部分。

③　"附带意见"只是一种意见，在确定法院审理的案件的中心问题时并不必要或重要。

④　S. S. Lotus 案（Fr. v. Turk. ），1927 年（序列号 A）第 10 号（9 月 7 日）

⑤　见 Ram Jakhu，第 41 - 42 页.

⑥　同⑤。

⑦　一些空间法作者认为，可以利用空间自然资源，而不受《外空条约》第二条基于与海洋法类比的"占有"的限制。例如，Fabio Tronchetti 认为，虽然有些作者认为《外空条约》第二条的限制同样适用于外层空间及其资源，但另一些人，即大多数人认为，与规范公海自由的规则相类似，空间资源的占有只是探索和利用外层空间自由的一部分。这里赞同第二组作者的观点；见 FabioTronchetti，21 世纪的月球协定：探讨其在月球和其他天体自然资源商业开发时代的潜在作用，36《空间法杂志》（2010 年第 489 版）第 498 页（省略脚注，增加重点）。这类类比被 Philip de Man 适当地驳斥，见 Philip de Man，《包容性环境中的独家使用：空间资源开发不适当原则的意义》（2016 年），第 15 - 26 页（即将出版的《斯普林格：空间条例图书馆丛书》）。

的开发，它也应包括在《外空条约》第二条中，从而禁止挪用这些自然资源。因此，从本质上说，《外空条约》允许"使用"外层空间和天体，但禁止它们"私自占有"。

实际上，在外层空间及其自然资源的合法"使用"和被禁止的"私自占有"之间，划清界限可能是困难和复杂的，但这种复杂性不应使自由和不挪用这两项法律原则的效力失效。应当指出，IISL 的立场不是现行法的坚定和最后声明，因为它恰当地承认，在《外空条约》没有明确禁止占用资源的情况下，美国的新法案是对《外空条约》的可能解释。其他国家是否以及在多大程度上认同这种解释还有待观察①。

《外空条约》所述的三项关键法律原则（共同利益、自由和不挪用），是近半个世纪前由国际社会经过艰苦细致的谈判达成的，构成了一个三维和基本的支柱，在此基础上建立了整个外层空间和天体国际法律制度。无视任何一项，都肯定会导致削弱基础，从而导致当今全球空间秩序的崩溃。它们似乎不一致，但只要严格按照国际商定的条约解释规则、仔细审查其条款，就可以而且应该理解和实现不同条款、利益和观点的公平和合乎逻辑的平衡。

因此，兹提出根据对《外空条约》第一条和第二条规定的综合解读，对空间自然资源的商业开发将构成占用，除非这种利用不仅符合《外空条约》第一条的要求，而且也符合《外空条约》其他规定的要求。换句话说，在符合《外空条约》第一条的要求和其他规定的情况下，允许对这些自然资源进行商业开发。弗里兰德（Freeland）和杰考（Jakhu）指出，对天体自然资源的开发可能是非法的。例如，一颗小行星的规模如此之小，以至于实际上，这个天体已经被开发的"不存在"了。这种开采很可能违反国际空间法的其他原则，如为了所有国家的利益的要求，并应适当顾及所有其他国家的相应利益②。

因此，可以得出结论，2015 年《美国太空法案》是否符合《外空条约》的规定，将取决于美国政府通过其国家监管体系为实施该法案所采取的立法和监管

---

① 国际空间法研究所立场文件，前注 39，10.2 节第二部分。
② Steven Freeland 和 Ram S. Jakhu，前注 27，第 53 页。

步骤。该法案要求美国政府遵守其国际义务，因为美国是该条约的缔约国，因此在逻辑上应包括《外空条约》第一条、第二条和第九条规定的义务。如果立法机关授权美国私企公司享有空间自然资源的专有产权，而没有适当考虑《外空条约》的这些和其他适用规定，则美国的行为可能被视为违反了其国际义务。

在这里讨论空间自然资源的法律地位也很重要，而法律地位又取决于外空是否构成全球公域。"全球公域"一词不是法律概念，而是政治概念，主要被作家、记者和政客用来鼓吹他们各自的观点和政策。按照一般说法，"全球公域"通常指的是全人类共同的、不受国家主权管辖的东西。全球公域的典型例子是公海，我们必须补充指出，公海受特定国际法律制度的管辖①。这个宽泛且不确定的术语没有任何法律起源、依据和背景，并且它不能精确地确定空间自然资源状况的现行法，应完全根据适用的国际空间法，尤其是《外空条约》和《月球协定》来确定。曼弗雷德·拉克斯（Manfred Lachs）对这个问题的看法非常中肯，因为他警告说，制度从一种环境向另一种环境的"机械转移"是徒劳的：这可能会导致扭曲，甚至严重阻碍新法律分支（如《外空条约》）的发展②。然而，全球共有之类的术语可以作为发展新的空间法条约（拟议法）的典范。

■ 10.5　1979 年《月球协定》

《月球协定》的目的是对月球和天体的自然资源即将变得可行时，开始讨论主要用于勘探和开发月球和天体自然资源的详细国际制度，并最终制定这项制度。在这方面，《月球协定》以《外空条约》有关利用月球和其他天体资源的各项规定为基础。

《月球协定》的条款显然更有利于开发月球和其他天体的自然资源。首先，《月球协定》第六条第二款明确规定缔约国有权在进行科学调查时从月球上收集和提取矿物和其他物质的样品。此外，在科学调查过程中，缔约国也可使用适当

---

① 《联合国海洋法公约》，1982 年 12 月 10 日，1833 年第三项（1994 年 11 月 16 日生效）。

② Manfred Lachs，前注 14，第 21 页。

数量的月球矿物和其他物质来支持其任务。其次，尽管《月球协定》第十一条第二款重复了《外空条约》第二条所述的禁令，但人们认为，《月球协定》的主要目标之一是通过其本身的规定促进对月球自然资源的"开发"，并为最终建立一个专门的国际制度提供便利，以促进这种开发①。对于这两项条约的缔约国来说，《月球协定》是对《外空条约》的一项改进，而且在以后的时间里很可能会优于《外空条约》的规定。

因此，显然《外空条约》第二条和《月球协定》第十一条第二款规定的禁止国家侵占外层空间的规定，本身并不限制对月球和其他天体自然资源的开发，这一活动将涉及从月球和其他天体上清除这些资源。相反，该原则的目的是防止对外层空间、天体或其部分的所有权提出主张。事实上，《月球协定》第十一条第三款更加强了这一立场，根据该条款，除其他外，在天体表面或表面以下安置人员、设施或装置，不应在该天体上产生所有权。事实上，与《外空条约》第二条和《月球协定》第十一条第二款的规定类似，《月球协定》第十一条第三款中表明，禁止侵占外层空间的规定仅适用于在外层空间"存在"的自然资源。

一旦自然资源已经从月球或天体的原始地点去除或提取，则没有任何规定禁止对其行使所有权或财产权，但这种去除或提取须符合国际空间法的适用原则和规则。在这方面，《月球协定》对任何有兴趣的商业私人部门实体上利用外层空间资源，都规定的更为具体和有利②。因此，弗里兰德（Freeland）和杰考（Jakhu）认为禁止挪用不会阻止公共或私人实体在未来建立的国际制度下，获得与外部空间自然资源有关的"地球外开发权"③。

《月球协定》第十一条第 1 款规定，月球及其自然资源是人类的共同遗产，在本协定的规定中，特别是在《月球协定》第十一条第五款中得到了体现④。

---

① Steven Freeland 和 Ram S Jakhu，前注 27，第 59 页。
② 在这方面必须指出，《外层空间条约》使用的是"探索和利用"，而不是"利用"外层空间。如上所述，人们普遍同意，《外层空间条约》第一条规定的"利用"外层空间大概包括"资源开发"。然而，只有《月球协定》专门使用"剥削"一词。因此，《月球协定》的缔约国有更明确的依据来主张其开发外层空间自然资源的权利。
③ Steven Freeland 和 Ram S Jakhu，前注 27，第 60 页。
④ 《月球协议》第十一条第一款（增加了重点）。

《月球协定》第十一条第五款规定：

由于月球资源的开发即将可行，《月球协定》的缔约国开始着手去建立一个国际制度，其中包括恰当的法则来管理月球自然资源的开发。本规定应根据《月球协定》第十八条执行①。

显然，很多国家将人类共同遗产概念纳入了《月球协定》，以此作为它们不想成为该协定缔约方的原因。为支持自己的立场，这些国家在管理陆地环境的国际法律制度，和在为南极和深海海底建立资源开发制度的不成功应用中，提到人类共同遗产概念。

然而，值得注意的是，《月球协定》第十一条第一款中所提到的，其意思并不是将人类共同遗产概念全面引入国际空间法。相反，《月球协定》对这个概念的具体含义，以及如何将其应用于月球和其他天体的自然资源做出了重要区分。最重要的是，因为月球资源开发即将变得可行，《月球协定》中使用的人类共同遗产概念的意义和影响，是要求各国制定和建立一个相互的国际法律制度，来管理月球自然资源开发。这个概念包括在拟议的国际制度中，如果谈判国愿意，这个制度就可以建立。不好的是，一些国家法和空间法的修订者经常错误地夸大人类共同遗产概念的重要性。在根据《月球协定》建立的监管制度中这一概念几乎没有任何作用。

尽管《月球协定》规定，设想的月球和其他天体②自然资源开发管理的国际制度，在发展和建立时必须实现目标，但它并没有将各国限制在为实现这一要求的特定机制内。在这方面，《月球协定》与《南极条约》，1982 年《联合国海洋法公约》以及 1994 年关于执行其中 XI 部分的协定均有很大不同。因此，对于《月球协定》的缔约国而言，他们可以完全自由地去决定实行哪种监管模式，为月球上可耗尽自然资源的开发提供了最好的媒介。因此，有人认为，在建立管理月球和其他天体自然资源开发的制度方面，那些希望得到发言权的国家，应该毫

---

① 《月球协定》中第十一条第五款。

② 例如，《月球协定》第十一条第七款规定了本协议的主要目的要建立的国际制度包括以下几点：①有秩序、安全地发展月球的自然资源；②合理管理资源；③扩大使用这些资源的机会；④从这些资源中获得的利益，所有缔约国公平分享，发展中国家的利益和需要，直接或间接为探索月球做出贡献的国家的努力均应得到特别考虑。

不犹豫地加入和批准《月球协定》。

▦ 10.6 小结

就目前的情况而言，如果中国、印度或俄罗斯成功地召集了几个发展中国家认可《月球协定》，将导致目前尚未认可《月球协定》的很多航天国家（包括美国），在建立的管理空间自然资源开发的国际制度的审议中被排除。此外，与尚未加入《月球协定》的国家相比，最终在月球或任何其他天体上的协定缔约方，将有更明确的依据《月球协定》来主张开发其中自然资源的权利。

应当指出的是，《月球协定》提供了一些《外空条约》中所没有的优势①。例如，《月球协定》第三条第四款明确禁止在月球或其他天体上建立军事基地。更重要的是，《月球协定》第三条第二款规定，在月球上威胁使用或使用武力以及任何其他敌对行为、威胁采取敌对行动都是非法的。这种威胁或行为不仅针对地球、月球、航天器、人员或人造空间物体，也包括月球和其他天体上的物体。《外空条约》没有明确禁止在月球和其他天体上威胁使用或使用武力。因此，《月球协定》规定了，在完全和平和没有威胁的环境下探索月球和其他天体。这些条件被认为是空间资源勘探和开发项目能吸引金融投资的必要因素。

因此，就目前而言，1979 年《月球协定》是一份重要的国际法律文件。该文件缺乏签字批准，而且存在颁布对该协议做出矛盾性解释的国家法律的可能性，这会使得人们在太空采矿方面对国际法的地位产生怀疑。因此解决方案可能要过几年才能明确。下面的一些关键问题需要被牢记和监控：

（1）目前，应如何努力去促使各国认可《月球协定》，以避免许多国家明确

---

① 有关详细讨论，参见 Joint Statement on the benefits of adherence to the Agreement. Governing the Activities of States on the Moon and Other Celestial Bodies of 1979 by States Parties to that Agreement；Committee on the Peaceful Uses of Outer Space Legal Subcommittee，Forty – seventh session；UN Doc A/AC. 105/C. 2/2008/CRP. 11 of 2 April 2008；see also Ram Jakhu and Maria Buzdugan，"The Role of Private Actors：Commercial Development of the Outer Space Resources，Including Those of the Moon and other Celestial Bodies：Economic and Legal Implications，" 6 Astro politics，（2008），pp. 201，at 221 et seq.；Vid Beldavs，"The International Lunar Decade"，The Space Review，13 January 2014，online：The Space Review http：//www. thespacereview. com/article/2431/1.

不会签署该协定？

（2）对于各国，特别是航天国家，应如何努力准备颁布相关的国家立法，从而与美国通过并签署成为法律国家的立法相类似？

（3）联合国 COPUOS 办事处、国际空间探索协调小组（International Space Exploration Coordn a fien Group，ISECG）、国际宇宙航行联合会（The International Astronautics Federation，TIAF）和其他机构，能在多大程度上提供实用的手段来讨论外层空间太空采矿和资源利用的未来，并帮助协调寻求扩大其外层空间活动的国家和私营企业的活动？

第11章

国家空间法和空间自然资源的探索

1967 年《外空条约》第六条规定，缔约国需对国家在外层空间的活动承担国际责任，无论这些活动是由政府机构还是非政府实体（包括私营公司）[1] 开展的。该条约还具体规定，非政府实体对于月球和其他天体在内的外层空间活动需要得到缔约国的授权和持续监督。根据这些国际义务，许多国家颁布了国家法律，要求非政府实体在从事空间活动之前需获得某种形式的国家授权。因此，许多国家出现了一套规范政府和非政府实体开展空间活动的具体法律，均称为国家空间法。麦吉尔大学（McGill University）的保罗·登普西（Paul Dempsey）教授已经对世界各国的空间立法进行了最新的全面总结[2]。

为规范各国特定原因的空间活动，各国都制定了自己国家的空间法。事实上，这样做最重要的原因和唯一的共同基础是，针对《外空条约》及其条款中规定的开展外层空间国家活动应承担的国际责任，建立起各国的责任意识。通常，很多国家的国家空间法颁布往往是被动的，而不是主动的，且通常是跟随并远远落后于探索和利用外层空间的发展需要。

有些国家还没有颁布任何国家空间法的原因很简单，因为不存在空间活动，所以人们认为没有必要制定这样的法律。对于很多开展过太空旅行的国家，他们

---

[1]　Treaty on Principles Governing the Activities of States in the Exploration and Use of Outer Space, including the Moon and Other Celestial Bodies, 27 January 1967, 610 UNTS 205〔Outer Space Treaty〕, Article VI.

[2]　See Paul Stephen Dempsey, "National Legislation Governing Commercial Space Activities," Journal of Space Safety Engineering, Vol 1, No 2, December 2014, 44 – 60.

也没有基本的国家空间法来管理自己的空间活动行为。尽管这种趋势似乎正在好转，通常情况下，很多航天国家对空间活动只是进行时有时无的监管，在需要时，立法所涉及空间探索的具体部门（如通信、遥感、全球定位和卫星导航）才会出现。上述情况的结果是，最近由于许多航天国家的私营企业把开发空间自然资源作为一项商业空间活动，因此国家级的决策者和立法者认为没有必要颁布法规和条例来管理此类活动的进行①。所以许多国家没有专门针对私营部门开发外层空间自然资源的监管框架。

受"自由放任"理论的影响，私营企业更愿意将外层空间、北极或深海海底等"新区域"的开发留给第一批人，不愿看到任何可能对这些新区域①的资源开发施加限制规则。然而，在没有明确的国际和国家治理监管制度的情况下，开采空间自然资源可能会产生副作用，包括国家和私营部门实体之间存在发生利益冲突的可能性。除此以外，还有对资源的需求成倍增加；不存在对投资者的任何法律保证，包括使他们能够收回空间投资或至少通过强有力的法律框架寻求补救的办法；存在潜在的国际冲突；以及与污染和安全有关并影响外层空间可持续发展的风险。最后，它可能会阻止科学家自由开展工作，从而使他们无法应对与全球公共利益，以及我们的后代获取空间自然资源权利等相关问题。

正如第 6 章所谈到的那样，近年来，随着技术的突破，美国富人所领导的私营公司正处于发展过程中，并且启动了商业空间资源开发项目。这背后的动机是"前沿科技"，其中一些人相信他们甚至可以创建一个真正的企业。一些行为者公开反对国际空间法的现行法律框架②。例如，据报道，X – Prize 大奖的创造者

---

① 例如，见太空移民研究所的网站，http：//www. space – settlement – institute. org/，这是一个非营利性组织，是为了促进人类在外层空间的殖民和定居。太空移民研究所认为，在太空移民工作中，必须由私营企业而不是政府来主导。因此，其任务包括：确定金融和其他激励措施，以激励私营企业发挥这一作用；消除私营部门在空间工作中的监管、法律和心理障碍。

该协会认为，一项"月球土地所有权承认法"将承认私人月球定居点有权要求和转售其月球基地周围的土地，这是激励人类在月球上永久居住的必要的第一步。因此，该研究所打算说服美国国会颁布一项太空定居奖法案，该法案的草案将出现在该研究所的网站上。另见 Alan Wasser 和 Douglas Jobes 的《航空法与商业》杂志中提到的"空间定居点、产权和国际法：月球定居点能获得生存所需的月球不动产吗？"。

② See for example：Rand Simberg, Homesteading the Final Frontier – A Practical Proposal for Securing Property Rights in Space（Competitive Enterprises Institute, Issue Analysis 2012 No. 2, April 2012）online：http：//cei. org/sites/default/files/Rand％20 Simberg ％ – ％20Homesteading％20the％20Final％20Frontier. pdf.

皮特·雷蒙德（Peter Diamandis）曾说过：对月球和其他天体的所有权将是打开"新边疆"的唯一强大动力①。对现有法律框架的最大反对者是丹尼斯·霍普（Dennis Hope），他创建了一个网站，将月球打包出售②。对他来说，《外空条约》的不可占用原则只适用于政府，不适用于私人企业。在 1980 年，他毫不犹豫地向联合国发表声明，声称对月球拥有所有权。尽管联合国完全无视他的声明，认为这是站不住脚的，是基于对法律的严重误解，但丹尼斯·霍普（Dennis Hope）认为他正在进行的通过互联网实施的将月球销售给个人的计划是一个合法的生意。

综上所述，国家空间法通常是被动提出的，而不是主动的。尽管最近出现了一些技术突破和商业发展，特别是来自私营部门的努力，有力地表明外层空间自然资源的开发即将变得可行，但国家级的立法机构并没有做出努力来颁布具体的监管制度来管理这种开发活动。事实上，现状依然是有些国家颁布了全面的国家空间法，适用于所有种类和方式的空间活动。然而，还有许多国家，目前的国家空间法支离破碎，以零敲碎打的方式处理不同类型的空间活动和空间应用。更糟糕的是，其他许多国家，尤其是非航天国家，并没有空间法。

由于缺乏全面而综合的国家空间法律及专门基于外层空间资源开发活动的具体管理制度，在这一背景下，可以毫不夸张地推定，大多数国家，无论是否是签署了《月球协定》③的缔约国，都试图在现有其他类型空间活动许可制度的基础上，管制外层空间的资源开发活动。这一推定基于前文提到过的《外空条约》第六条的规定。此外，《外空条约》第七条规定，凡进行发射或促成把实物射入外层空间的缔约国，及为发射实物提供领土或设备的缔约国，使另一个缔约国或其自然人或法人受到损害，应承担国际责任。

在本章中，我们将介绍几个已经进行空间活动的国家的国家空间法，来判断专门管理外层空间自然资源开发的管理制度是否已经出现。

---

① See "Law Journal Article Exposes A Growing Scam: People Getting Rich Selling Deeds To Lunar Real Estate" 2 June 2008, online PR Web, http://www.prweb.com/releases/2008/06/prweb982824.htm.

② "What's It All About?" online: Lunar Embassy, http://lunarembassy.com/about.

③ 《月球协定》，1979 年 12 月 18 日，1363 UNTS 3. 协议文本见本书附录 A.

■ 11.1　美国

美国是 1967 年《外空条约》的缔约国，但不是 1979 年《月球协定》的缔约国。值得注意的是，1979 年美国国务院和美国律师协会建议美国参议院同意并批准《月球协定》，然而许多人明确表示：美国政府现在以及未来，都将永远不支持月球协定。

无论如何，美国政府对空间活动采取的是碎片化的管理方式，私营企业在不同方面的空间活动受到美国政府不同的立法部门和机构的管制，而政府的太空活动（如由 NASA 和美国国防部执行的活动）不受其他政府机构的管制。例如，根据后来修订的 1934 年《通信法案》[①]，联邦通信委员会（Federal Communications Commission，FCC）负责管理美国无线电频谱的使用，并为服务于美国的通信卫星和地面站颁发许可证。它的职责包括根据国际电信联盟的规则分配卫星轨道位置，还有其他一些立法涉及美国太空探索和使用的其他方面。他们已经根据《美国法典》[②] 第五十一条重新编纂。

美国联邦航空管理局（Federal Aviation Administration，FAA）负责管理美国的商业太空发射活动（从美国领土或使用美国设施发射或再发射进入太空的飞行器）[③]。其中，《美国法典》第五十一条授权 FAA 为运载火箭颁发许可证、太空物体的再入以及在美国的发射或再入地点的操作。根据《美国法典》第五十一条，FAA 有权在必要范围内监管商业太空运输行业，以确保符合美国的国际义务和公众健康安全、财产安全、美国的国家安全和外交政策利益。

发射或再入太空许可证签发或转让后，被许可方根据法律要求获得责任保险或证明经济责任，以索赔可能造成的最大损失：①因许可证制度下的活动造成的第三方死亡、身体伤害或财产损失（每次发射或再入，经通货膨胀调整，不超过 5 亿美元）；②美国政府对因许可证制度下活动造成的政府财产损害或个人损失

---

① 1934 年《通信法案》，经 1996 年电信法案修订和更新，Pub L 104 – 104，110 Stat 56（1996）.
② 国家和商业空间计划，51 USC（Pub. L. 111 – 314，§3，2010 年 12 月 8 日，124 Stat 3328）.
③ 51 USC Ch 509.

进行赔偿（经通货膨胀调整，赔偿限额为 1 亿美元）。如果在某些时候，无法在国际市场上获得达到规定水平的责任保险，则规定的限额自动降至一个合理费用，即国际市场上可提供的最大责任保险。

作为许可程序的一部分，FAA 有权进行广泛的调查与复核，包括政策审查、安全审查、有效载荷审查和环境审查。2015 年 2 月，据报道，FAA 将授权毕格罗宇航公司（Bigelow Aerospace）行使其"有效载荷审查"权力，在月球上建立一个充气式空间站。有人指出，FAA 并不明确地拥有对进行超越空间运输的空间活动颁发授权的权利①。此外，美国国务院已经表达了这样的观点："以目前的形式，国家监管框架不足以使美国政府履行其在 1967 年《外空条约》② 下的义务"。

有趣的是，2011 年 7 月 20 日 NASA 发布了一份题为《对航天国家的建议：如何保护美国政府月球文物的历史和科学价值》的文件③。文件指出，"NASA 认识到世界各地航天商业企业和国家的技术能力正在稳步增长，并进一步认识到许多国家即将在月球表面着陆航天器。"在第一次探月任务后的 50 年里，航天界没有正式向下一代探月者，提供关于如何保存原始文物和保护正在进行的科研实验不受附近着陆器潜在的破坏性影响的建议④。在制定更正式的指导方针之前，NASA 已经率先根据其人员的集体智慧及技术知识准备了这些提议——也许是通过多国对话的形式，从而反映不同国家对月球上的人造物品的科学和历史价值的看法。

根据 NASA 的说法，这些提议并不代表美国或国际上的强制性要求。相反，他们只是提供给未来月球航天器任务规划者指导性的建议，他们若有兴趣帮助保存或保护月球上具有历史意义的人造物品，并给未来有可能的科学任务保留机会的话，可以参考这些建议，建议适用于美国政府在月球表面遗留的人造物体。例

---

① 艾琳·克鲁兹，FAA：月球上的商业监管，2015 年 2 月 3 日，网址：http//mobile. reuters. com/article/idUSKBN0L715F20150203？ irpc = 932.

② 同前.

③ 有关建议的副本，参阅 NASA 网站：http//www. nasa. gov/directorates/heo/library/reports/lunar – artifacts. html.

④ 同⑤.

如，NASA 的建议规定了美国政府月球遗址附近的下降/着陆边界，将其这样定义：任何着陆器/航天器在一定半径范围内不允许接近任何美国政府在月球上的历史遗迹，这个区域的外部周长就是美国政府月球遗址的下降/着陆边界。对于传统着陆地点（如"阿波罗"号、"勘测者"号），这个外围覆盖的区域从感兴趣的任意一个月球表面点开始，延伸到距离该地点 2 公里的径向距离，在此范围内，已着陆的航天器不能飞越该地点。对于撞击遗址（如 Ranger、S－IVB），边界范围为从月球表面感兴趣的随便哪一点开始，从撞击遗址中心向半径 0.5 公里延伸，着陆器航天器不得在该半径范围内飞越①。

　　NASA 坚持认为这些提议符合国际法，包括 1967 年的《外空条约》②。通过这些建议的提出，NASA 声称它正在寻求与感兴趣的私营企业——并在适当的情况下——与美国政府和外国政府合作，促进这些提议的发展和落实。很明显，NASA 的建议是单方面的，毫无约束力。更重要的是，它们在国际社会的接受程度还没有经过检验，因为没有哪个航天国家宣布有接近美国的月球遗址的计划。至少，这些提议表明了这一事实，美国政府承认了针对外太空的勘测和资源开采的新兴趣（特别是来自私营企业以及传统意义上没有活跃在航天事业的州），以及对所谓的美国传统月球遗迹可能产生影响表示担心。2014 年 7 月，美国众议院提出《美国空间技术探索深空（小行星）资源机会法案》③。当时该法案的作者指出：

　　　　小行星蕴藏着极具价值的资源和矿物，包括：铂族金属，如铂、锇、铱、

---

① 同前.

② 在这方面，NASA 明确指出《外层空间条约》所载的下列原则是有关的：外层空间应由所有国家自由探索和使用；外层空间应有科学研究的自由；外层空间不受国家支配；条约缔约国保留对登记册上所列射入外层空间的物体的管辖权和控制权，而射入外层空间的物体在外层空间飞行或返回地球不影响其所有权；在探索和利用月球方面，各国应本着合作互助的原则，并适当照顾其他缔约国的相应利益；此外，在任何一方有理由认为会对其他方的活动造成潜在的有害干扰的一项活动开始之前，必须进行国际协商。

③ HR 5063. 本条例草案全文载于政府出版署，http//www. gpo. gov/fdsys/pkg/BILLS－113hr5063ih/pdf/BILLS－113hr5063ih. pdf. 关于《小行星法案》的分析，请参见查尔斯·斯托特勒的《小行星法案与听证：国际义务的一些观察》，《太空评论》（2014 年 9 月 22 日），网址：《太空评论》，http://www. thespacereview. com/article/2604/1.

钌、铑、钯，以及镍、铁、钴①。

随后，该法案的规定被集成到一个新的更广泛的空间法案 2015（正式名称为《促进私营航空航天竞争力和创业法案》）②，这是在 2015 年 11 月 25 日由美国国会两院通过，并被总统签署成为法律。该法案的文本附在本书的附录中。

新法案要求总统通过适当的联邦机构，促进美国公民对空间资源的商业探索和商业利用；防止政府以符合美国国际义务的方式发展经济上可行、安全和稳定的工业为借口，给空间资源的商业勘探和商业利用方面设阻；促进美国公民在不受有害干扰的情况下，根据美国的国际义务，在联邦政府的授权和持续监督下，进行商业勘探和商业利用的权利③。

该法案进一步要求总统在其颁布后的 180 天内，向国会提交一份关于美国公民对空间资源进行商业勘探和商业利用的报告，其中明确规定了履行美国的国际义务所必需的权力，包括联邦政府的授权和持续监督，以及美国公民对空间资源的商业勘探和商业利用活动在联邦之间的责任分配建议④。

虽然明确宣布新法案的颁布并不等于美国主张"对任何天体拥有主权或专属权利、管辖权或所有权"⑤，但该法案规定：

根据本法从事小行星资源或空间资源商业利用的美国公民，有权获得任何小行星资源或其他空间资源，包括拥有、运输、使用和出售根据适用法律获得的小

---

① "两党立法促进商业太空冒险"，美国国会议员比利·波西，网址：http//posey. house. gov/news/documentprint. aspx？DocumentID = 387391。应该指出的是，虽然一些空间工业代表和一些政治家对利润丰厚的太空采矿持高度乐观，但有些专家对这种活动在不久将来的经济可行性并不十分确定。据报道，行星科学研究所所长、NASA "黎明"号、"灶神"星和"谷神"星任务的联合研究员马克·赛克斯表达了他的警告："近地天体原地资源利用基础设施的发展超出了私营企业……的范围。所有这些基础科学和工程都超出了一个商业实体的合理投资范围，因为在一个合理的时间范围内不会有投资回报的预期。我预计需要几十年的时间才有可能对这个问题作出答复，有了一定水平的基础设施，从小行星上处理和返回的水的边际成本将比从地球表面带上来的水便宜。" 参见马克·施特劳斯，国会听证会抨击小行星商业采矿的可行性，2014 年 9 月 11 日，网址：http//io9. gizmodo. com/congressional – hearing – slams – feasibility – of – commercial – a – 1633510688.

② 2015 年《促进私营航空航天竞争力和创业法案》（美国），51 USC 标题 IV，Pub L 114 – 90（法案 HR 2262）.

③ Pub L 114 – 90 Title IV § 402.

④ Pub L 114 – 90 Title IV § 402.

⑤ Pub L 114 – 90 Title IV § 403.

行星资源或空间资源，包括美国的国际义务。

从本质上讲，该法案为美国公民从事小行星、月球和其他天体资源的商业勘探和利用提供了国内法律依据。值得注意的是，该法案将"小行星资源"定义为"在一颗小行星上或内部发现的空间资源"，将"空间资源"定义为"在外层空间中原位存在的非生物资源①，并将水和矿物资源进行了区分。"虽然许可任何此类商业勘探和利用活动的国内监管机制，将在总统向国会提交报告后确定，但该法案明确地提出，根据美国法律，任何被许可对小行星资源和空间资源进行商业勘探和利用的美国公民都有权拥有所获得的此类资源。

从美国国家监管的角度来看，该法案为建立监管机制和程序提供了法律和行政依据，这是适当且必要的。如第 10 章所述，关于新的法令是否符合美国的国际义务，特别是美国已加入的 1967 年《外空条约》，其中各项规定所引起的国际义务的问题尚未解决。可能引发其他航天国家的反应，主要是在国际层面上提出这个问题（可能在联合国和平利用外层空间委员会）。根据 1967 年《外空条约》和 1979 年《月球协定》，颁布国家法律，以提供管理依据，并保护那些也希望在空间进行商业勘探和利用自然资源的公民的利益。

■ 11.2　英国

英国同样是 1967 年《外空条约》的缔约国，而不是《月球协定》的缔约国。在一定程度上，英国政府对空间活动的管制采取的是综合性的方式。1986年《外层空间法》（英国）负责管制设立在英国的组织和英国本身所进行的空间活动，无论这个英国本身所进行的空间活动去哪里。商务、创新和技能部国务卿（The Secretary of State for Business, Innovation and skills）必须为所有此类活动颁发许可证，而这项责任则委托给了英国国家航天中心（British National Space Centre, BNSC）。1986 年《外层空间法》（英国）的适用范围已扩大到英属海外领土，即根西岛（Guernsey）、马恩岛（the Isle of Man）、泽西岛（Jersey），以及经

---

① Pub L 114-90 Title IV § 401.

过修改调整后的直布罗陀（Gibraltar）、百慕大（Bermuda）和开曼群岛（the Cayman Islands）①。该法案旨在确保英国遵守与太空探索利用有关的国际义务，包括空间物体造成的损害赔偿责任、发射入外层空间物体的登记以及联合国地球遥感原则。该法案适用于所有个人和实体，英国政府必须赔偿在许可制度活动下而产生的任何损害或损失索赔。这是一项强制性的法定义务，没有赔偿上限的设置。

根据英国外层空间法案的被许可人必须遵守的许可证②规定了以下一些条款：

（1）避免污染空间环境和改变地球环境；

（2）避免干扰他人的空间活动；

（3）在许可活动结束时，适当处置许可的空间物体，并将该活动的处置和终止通知代理机构；

（4）避免任何违反英国国际义务的行为；

（5）通知相关机构许可活动的任何变更，并在变更发生前寻求批准；

（6）为许可活动（发射和在轨阶段）产生的第三方责任获取保险，将英国政府列为额外的被保险人；

（7）维护英国的国家安全；

（8）允许机构合理使用文件，检查和测试设备和设施。

除了《外层空间法》（英国）外，2003 年《通信法》（英国）③，也规定了在英国进行的空间活动以及相关的活动事项，例如无线电频谱的使用。在这一层面，值得注意的是，英国法律与欧盟有关通信的指示是一致的。尽管存在上述规定，英国并没有一项专门用于英国国民或英国企业的，对外层空间自然资源进行商业开发的法规。显然，由于这类活动都属于《外层空间法》（英国）④ 所界定的可获许可的空间活动的广义范畴，因此可以毫不夸张地预期，任何拟议的空间开发活动都将受到该法规的管制。到目前为止，这个"争论点"还没有得到检验，因为没有任何英国公民或企业申请许可证，以在月球或其他天体上进行资源

---

① 《外层空间法》（英国）1986 c. 38.

② Ibid. section 5（2）（e）.

③ 英国，2003 年《通信法》（英国）2003 c. 21.

④ 《外层空间法》（英国）第 1 节规定如下：本法适用于在英国或其他地方进行的下列活动：（a）发射或设法发射空间物体；（b）操纵空间物体；（c）外层空间的任何活动。

开发活动。

■ 11.3　俄罗斯

　　俄罗斯是航天大国，是 1967 年《外空条约》的缔约国，但不是 1979 年
《月球协定》的缔约国。在俄罗斯空间活动是由政府根据若干条例①进行全国
管制的。就当前目标而言，俄罗斯关于空间活动的最重要法规是 1993 年《俄
罗斯空间活动法》②。作为这项法律的目的，《总统法令》第二条将空间活动定
义为与探索和利用外层空间，包括月球和其他天体的行动直接有关的任何活
动。具体有：

　　（1）空间研究；

　　（2）从外层空间对地球进行遥感观测，包括环境监测和气象；

　　（3）导航、地形和测绘卫星系统的使用；

　　（4）载人航天任务；

　　（5）外层空间材料和其他产品的制造；

　　（6）借助空间技术进行的其他类型的活动。

　　《总统法令》第九条规定了，对在俄罗斯以科学和社会经济为目的所有空间
活动申请授权或许可的流程。许可的相关要求适用于俄罗斯从事空间活动的组织
和公民，或外国组织和公民参与，但属于俄罗斯管辖范围内的空间活动。这些活
动涉及制造、测试、储存、准备发射或进行发射的空间物体，以及对航天器的控
制。1994 年《俄罗斯空间活动许可证发放条例》③ 进一步阐述了许可证和授权的
要求，规定了许可证的类型、形式、有效期，和发放、扣留、暂停或终止许可证

---

① 有关详细信息，见 Sergey P. Malkov 和 Catherine Doldirina，俄罗斯空间活动的管理，Ram S Jakhu
编，《国家空间活动管理》（Heidelberg：施普林格，2010），315 et seq.

② 《空间活动法》（俄罗斯）1993 年 8 月 20 日，修订（俄罗斯议院第 5663 – 1 号法令）。有关本
规约的非官方英文译本，参阅联合国外层空间事务办公室网站：http//www. oosa. unvienna. org/oosa/en/
SpaceLaw/national/russian_federation/decree_5663 – 1_E. html.

③ 《（俄罗斯）空间活动许可证发放条例》1996. 2. 2（俄罗斯议院第 104 号法令）。非官方的英文译
文可在联合国外层空间事务办事处网站上查阅：http://www. oosa. unvienna. org/oosa/ en/SpaceLaw/national/
russia / decree_104_1996E. html.

的条件与流程，以及许可证的其他相关信息。《俄罗斯空间活动许可证发放条例》第二十五条规定，为应对航天员和地面人员生命与健康可能受到的损害，以及其他空间基础设施与第三方的财产可能受到的损失，许可证的持有人必须为其购买强制性的保险。

《俄罗斯空间活动许可证发放条例》第四条中有一项有趣的规定，在列出一系列俄罗斯具体禁止的空间活动之后，第四条第二款继续规定："俄罗斯管辖范围内，俄罗斯加入的国际条约所禁止的其他空间活动也同样不被允许。"显然，俄罗斯加入的国际条约条款所禁止的空间活动，在俄罗斯境内也受到禁止。目前尚不清楚的是，俄罗斯的法令是否允许，开展旨在开发月球和其他天体自然资源的空间活动，因为 1967 年《外空条约》中的条款对此类活动的合法性定义不太明确，1979 年《月球协定》虽然对此做出了更明确的规定，但俄罗斯并不是《月球协定》的缔约国。所以，很难预测这会造成什么样的影响，就目前作者所知，还没有这种类型的申请被提交给俄罗斯的有关当局。

根据上述讨论，俄罗斯显然没有一个专门管理旨在开发外层空间自然资源的空间活动监管法规。鉴于俄罗斯政府对空间活动管理的一般办法，并考虑到空间活动的定义相当广泛，俄罗斯政府很可能将任何拟议中的外层空间自然资源开发活动置于《空间活动法》的许可和授权要求之下。然而，除了此类活动的许可之外，有待观察的是俄罗斯政府对外层空间此类资源开发活动，尤其是美国公司的资源开发活动，在国际上的合法性与其他事项上的态度。

11.4　澳大利亚

虽然澳大利亚不是一个主要的航天国家，但它的国家空间法对此进行了简要的讨论，也是一个值得研究的的范例。澳大利亚是包括 1979 年《月球协定》在内的所有联合国空间法条约的缔约国，由政府管理在澳大利亚境内开展的空间活动，以及澳大利亚公民在澳大利亚境外开展的空间活动。澳大利亚政府会依据

1998 年《空间活动法》[①] 和 2001 年《空间活动条例》对空间活动进行管理[②]。
该法案和条例相当全面，对于不同的空间作业类型，要求拥有不同类型的许可证
和执照。例如，任何能够从澳大利亚境内执行发射的物体或运载火箭，必须先获
得空间许可证。发射和再入大气层的空间物体也需要许可证，包括从外国发射到
太空的物体。如果澳大利亚国民打算从英联邦领土以外的地方从事空间活动，他
们仍必须获得澳大利亚政府的海外发射证明，才能从事这些活动。

　　虽然该法案和条例的规定相当明确和全面。然而，不幸的是，它们侧重于对
发射和再入活动的监管，而忽视了其他同等重要的空间活动。虽然澳大利亚是
《月球协定》的缔约国，但该法案和条例不包含涉及开发月球和其他天体自然资
源的空间活动的具体规定。鉴于发射和再入活动是澳大利亚目前认为主要的空间
活动类型，该法案和条例的重点似乎有意放在这些活动上。考虑到该法案和条例规
定的全面性，特别是条例相对容易修正，可以公平地说，它们为澳大利亚政府管理
任何旨在开发月球和其他天体自然资源的拟议空间活动提供了法律基础。作为《月
球协定》的缔约国，澳大利亚政府可以根据《月球协定》的规定，在许可证发放
程序中，授予其许可证持有者收集和使用月球以及其他天体自然资源的权利。

▧ 11.5　加拿大

　　加拿大没有完备的国家空间法[③]。尽管如此，任何希望使用超过规定限制的
火箭将物体发射到太空中的人，都需要获得联邦运输部长根据加拿大航空法规
（Canadian Aviation Regulations，CAR）签发的许可证[④]。如果要使用无线电操作
任何空间物体，都需要有联邦工业部长颁发的无线电通信许可证。如果打算进行
的空间活动属于《遥感空间系统法和条例》的适用范围，则还需要全球事务部

---

①　1998 年《空间活动法》。1998 年第 123 号法令（后经修订）。

②　《空间活动条例》SR 2001 第 186 号（经修订，也可参考 SR 2004 第 79 号的修订）。

③　见拉姆·杰克胡，"Regulation of Space Activities in Canada", in Ram S Jakhu, ed, National Regulation of Space Activities（Heidelberg：Springer, 2010），第 81 页及之后。

④　RemoteSensing Space Systems Act, S. C. 第 602. 43 至 604. 45 节，网址：http://laws - lois. justice. gc. ca/eng/regulations/SOR - 96 - 433/.

（前外交和国际贸易部）的联邦部长颁发的许可证①。对于不属于这些领域范围的所有其他空间活动和空间应用，如在月球或其他天体上进行的任何空间自然资源开发活动，目前还没有具体的相关管理制度。因此，目前加拿大政府没有任何法律或法规依据，来授权涉及空间自然资源勘探或利用的相关空间活动。

11.6　印度

印度是一个主要的航天国家，有雄心勃勃的计划去探索并开发空间自然资源。除了成功地完成了对月球的飞行任务外，2014 年印度的火星轨道探测任务，也是所有发展中国家中第一个首次探测就取得成功的项目。这使预算微薄的印度成为第一个到达火星的亚洲国家②。印度是前四项联合国空间法条约的缔约国，并签署了 1979 年《月球协定》。近年来，印度一直试图起草自己的国家空间法。然而，目前并没有具体的立法，包括涉及空间自然资源开发的活动，偶尔发布的政策准则来规范空间活动③。

11.7　卢森堡和阿拉伯联合酋长国的新立法倡议

随着 2015 年《美国空间法》的制定，特别是第 4 章中关于美国公民或实体开发利用空间资源的可能性，使现在世界各国对此都做出了一些反应。特别是在卢森堡和阿拉伯联合酋长国，有一些与美国平行的立法举措，将允许通过工业开采空间自然资源。卢森堡立法可能最早于 2017 年生效（目前已经正式通过并生

---

① 《遥感空间系统法》，2005 年，第 45 条。关于该法的详细分析，见拉姆·杰克胡、凯瑟琳·多尔迪里纳和亚乌·奥图·曼卡塔·尼亚姆蓬，"Review of Canada's Remote Sensing Space Systems Act of 2005"，《航空和空间法年鉴》（第 5 卷）.XXXVII, 2012），第 399 页及之后。

② 迈克·沃尔，"India's First Mars Probe Makes Historic Red Planet Arrival"，2014 年 9 月 23 日，网址：http://www. space. com/27242india – mars – mission – arrival. html；2015 年 11 月 11 日，印度火星轨道飞行器任务发布首个科学成果，展望未来挑战。网址：http://spaceflight101. com/mom/indiasmars – orbiter – mission – delivers – first – scienceresults – looks – at – future – challenges/.

③ 见 Ranjana Kaul 和 Ram S. Jakhu，"Regulation of Space Activities in Canada"，载于 Ram S Jakhu, ed, National Regulation of Space Activities（Heidelberg：Springer, 2010），第 153 页及之后。

效），该立法不仅将为卢森堡的公司寻求参与此类资源开发利用活动提供一个流程，而且还将邀请其他国家的公司根据卢森堡法律的规定进行相关活动。在国际上对《外空条约》和《月球协定》所施加的限制做出明确裁决之前，这些立法举措将会自然而然地扩展到其他国家。

11.8 小结

正如本章所示，许多航天国家并没有设立国家级专门的立法和监管框架，来解决旨在开发外层空间自然资源的空间活动中存在的问题。现在看来，即使有的国家制定了全面的国家空间法，空间自然资源开发的问题也没有得到适当解决，这可能是因为尚未有任何申请，申请开发空间自然资源的许可证。预计 2015 年的《美国空间法》将促进一些国家在国家层面进行讨论，重点是制定和通过一些国家法律机制，从而为与开采此类空间自然资源有关的活动提供监管基础。目前尚不清楚是否会导致新制定的国家法律与美国的国家法律基本平行，或者可能朝着不同的方向发展。国家法与国际法，特别是《外空条约》和《月球协定》的一致性，尤其是在太空采矿方面，可能是未来几年值得关注和讨论的焦点。

第 **12** 章
结论和未来的发展

太空采矿、空间探索、空间科学和空间应用的未来是广阔而又激动人心的。在过去的半个世纪中，对涉及太空探索和利用的各种活动，进行的逐国调研总结表明，相关活动的范围非常广泛，包括科学研究、空间应用、政府主导的空间探索、以及目前旨在对太空中发现的自然资源进行商业开发，以及太阳系进行的商业探索。

太空的商业化并不新鲜。在整整半个世纪前国际通信卫星组织（Intelsat）和加拿大电信卫星组织（Telesat Canada）就开启了商业通信卫星业务。遥感和空间导航服务现如今也已成熟。新的商业活动，如太阳能电站服务、卫星在轨维护和卫星的重新定位，即将步入人们的视野。然而，所有这些商业活动都是直接面向地球提供服务的，所有这些企业都不涉及真正的外部世界。今天，我们正在进入一个崭新的时代，为人类树立起一个新的里程碑。

我们现在正在畅想一个新的未来。在这个未来中，人类以及他们的智能机器人将在地外的太空中开展工作。这些新兴的航天企业不仅将涉及太空开采，还将广泛参与其他太空产业。可能包括地外基地的运营，空间加工和制造，合理的太空移民，也许最终还有月球和火星的地球化改造。

当今的航天企业家并不认为这些是一个个孤立的企业，而设想他们之间最终会存在着联系。有人多次提出，太空采矿的目的不仅仅是将获得的资源带回地球，而是将获得的资源用于在太空中加工其他材料。在太空中获得的金属和其他有用的材料可以用来制造通信卫星、遥感卫星、太阳能电站和其他商品，并不需要运输回地面。最终，这将为创造建立太空殖民地和地外基地，提供全面的空间制造和加工技术。关于如何在太空中获取原材料，使太空制造无需从地球表面获取任何资源的相关著作有很多，但有时图片比文字更强大。如图 12.1 展示了一个可以为地球提供千兆瓦能量的太阳能电站系统的示意图。这个"愿景"的惊人之处在于，整个太阳能电站系统将利用从太空中所获得的金属、二氧化硅和其他原材料，在不使用任何地球自然资源的情况下，建造这个太空发电站。

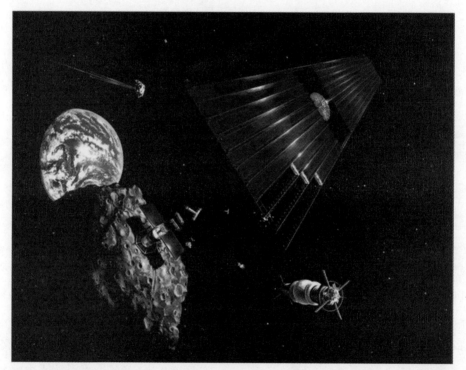

图 12.1   一颗用太空开采的材料制造出的太阳能卫星（插图由 NASA 提供）（书后附彩插）

本书试图解释全球人口，城市化和资源使用的趋势，这些趋势正在推动人类文明迈向一个未来，涉及太空经济和新的依赖外层空间资源的时代。由于人口的增长和消费不可能永远不受控制和不节制，未来需要一种新的资源开发利用和可持续发展的方法。空间资源可以为未来千年提供生命线和新的机会。

经过初步分析之后，我们探索了技术发展以及组织和管理创新，这些创新催生了成本更低的新型太空运输系统，而这些系统反过来又促使太空采矿成为现实。我们还调研了小型但能力很强的遥感卫星的发展情况，这些卫星可以协助探明未来太空采矿作业最合适的地点。随后讨论了其他关键技术发展的必要性，包括远程能源系统和机器人系统，以适应实际的太空采矿作业。

但是，这并不意味着不需要其他能力，目前正在为其他目的（如太空采矿）研发通信、遥感、人类生存环境等技术。在未来几十年里需要它们的时候，它们应该是可以获得的。最终的底线是，尽管技术发展要求高，难度大，但克服这些挑战的可能性也很大。未来太空采矿成功的最大障碍不是技术问题，而是财政、组织、法律和监管问题。

下面，我们回顾一些航天国家在世界各地开展的太空探索和开发活动。我们发现，到目前为止，美国在太空探索方面发挥了主导作用，并注意到组织从事太空采矿活动的 4 家公司（深空工业公司、行星资源公司、月球快车公司和沙克尔顿能源公司）都设立在美国。然而，这项全球调研清楚地表明，其他国家对太空探索以及与美国的太空开采活动极为相似的未来太空开采活动表现出了浓厚的兴趣。特别是苏联/俄罗斯联邦、欧洲、加拿大和澳大利亚、日本、中国和印度的有关活动都进行了探索。本书不仅总结了上述国家过去的太空探索任务，而且还调研了它们对于太空采矿和从地外探测活动中获得经济价值所表示的各种兴趣。

最后，我们探讨了国际和国内监管环境的现状，在这种环境下有可能进行的困难和苛刻的太空采矿活动。显然，1967 年《外空条约》和 1979 年《月球协定》为代表的国际空间法对我们的指导是有限的。有必要建立一个明确的全球空间治理体系，为有序开发空间自然资源提供基础。例如，2015 年《美国空间法》等国家监管倡议对于国家法律和行政目的来说是必要的，但也可能使相关国家违反其国际义务。因此，认真贯彻实施这些国家法律非常重要，以便充分遵守有关的国际条约。

显然，由于私营部门将继续扩大其在太空活动中的作用，各国政府将不再是太空领域唯一的关键角色。但是，就像其他任何具有全球公共利益的国际领域一样，私营企业不应成为未来参与空间自然资源开发和利用的唯一利益相关者。国有企业和各国政府必须继续发挥关键作用。最好是在私营企业和国有企业以及政府的利益之间取得适当的平衡。同样，还存在着在航天国家和相关产业部门的利益与非航天国家的利益之间保持平衡的问题。

正如第 11 章所讨论的，美国最近提出的有关空间自然资源勘探和开发的政策和监管措施正引起全球的关注。老牌航天国家、新兴航天国家、非航天国家以及联合国和平利用外空委员会等国际机构，不太可能在这些项目开展时袖手旁观。首先可能发生的是恢复各种国际论坛上，关于如何更好地确保在和平的氛围中进行对外层空间自然资源（特别是由私营企业领导）开发的讨论，促进国际合作并促进世界各国和各国人民之间的友好关系。国际讨论也可能侧重于已规划和未来的空间资源开发活动在环境和安全方面的问题。

值得注意的是，这种讨论已经在联合国和平利用外空委员会的主持下开始了。2008 年，在联合国外空委员会法律小组委员会第四十七届会议上，奥地利、比利时、智利、墨西哥、荷兰、巴基斯坦和菲律宾等《月球协定》缔约国发表了关于遵守《月球协定》的好处的联合声明①。联合声明的支持者希望联合国和平利用外空委员会，在其旨在发展和更广泛应用外层空间法的活动框架内，体现出《月球协定》的一些好处。因此，以《月球协定》缔约国的经验为基础的联合声明，并不是要对其中提到的条约或决议做出权威性的解释，而是强调《月球协定》的某些方面和考虑的好处，以及成为该协议缔约的好处。

联合声明指出，虽然《月球协定》包含了重申或阐述《外空条约》所述原则的条款，其中有些直接适用于月球和其他天体，但与其他外层空间条约相比，其中许多其他条款是独特的，具有真正的附加意义。《月球协定》特有的一些规定，对执行与月球和其他天体有关的项目、活动和任务上很有意义：

（1）阐明或补充建立在其他外层空间条约并适用于月球和其他天体中的原则、程序和概念；

（2）促进国际科学合作。

在确定了一些具体的增值条款，并讨论了《月球协议》第十一条的意义和含义后，联合声明最后强调，《月球协定》可以更好地理解国际空间法概念以及

---

① 关于 1979 年《月球协定》缔约国加入该协定的好处的联合声明；和平利用外层空间委员会法律小组委员会，第四十七届会议；UN Doc A/AC. 105/C. 2/2008/CRP. 11 of 2 April 2008.

更好地描述有关概念和程序。最重要的是,《月球协定》也代表了各国共同承诺寻找一个多边框架,以促进和确保根据外层空间法的一般原则开发利用天体的自然资源。因此,联合声明鼓励各国,特别是那些考虑参加或即将开展探索地外天体的任务或项目的国家成为《月球协定》的缔约国。

其他的国际尝试和努力包括关于探索和最终开发空间自然资源的审议和讨论。例如 2007 年,全球 14 家领先的空间机构①在发布“全球探索战略:协调框架”②时,展示了他们对月球、火星及其他地区进行全球协调的空间探索的共同愿景。该文件概述了探索太空的基本原理,确定了当时流行的太空探索重点和过程,确定了重返月球和探索火星的兴趣,并为未来协调全球太空探索活动提出了行为框架。该框架文件的关键发现是需要建立起自愿的、不具有约束力的国际协调机制,即国际太空探索协调工作组 (the International Space Exploration Coordination Group, ISECG),各个机构可以通过该平台交换与空间探索有关的兴趣、目标和计划等信息,从而达到增强各自探索计划和集体努力的目的。

2013 年 4 月 10 日,加拿大航天局接待了来自 11 个空间机构的高级代表参加 ISECG 会议。会议期间,工作组讨论了太空探索规划的现状、太空探索如何能为地球上的生命带来好处,以及将要在下一版《全球探索路线图》中反映出后续工作。《全球探索路线图》反映出通过各国空间机构之间的持续讨论,确定对月球、近地小行星和火星的可持续探索方法和可行性的国际努力。它还考虑到外部利益相关者在 2011 年 9 月首次发布路线图后提出的创新想法和概念。该路线图证明了国际空间站的重要性,即作为探索低地球轨道以外目的地的第一步并起到了桥梁的重要作用。路线图的更新版本于 2013 年 8 月发布,阐述了该计划和概念上的近期任务。这些任务推进了从“地球 – 月球”系统开始的人类和机器人探索③。

----

① 这些机构是:ASI (意大利);BNSC (英国);CNES (法国);CNSA (中国);CSA (加拿大);CSIRO (澳大利亚);DLR (德国);ESA (欧洲航天局);ISRO (印度);JAXA (日本);NSAU (乌克兰) 以及 Roscosmos (俄罗斯)。

② 参考共同探索:全球探索战略,在线:欧洲航天局,http://www.esa.int/Our_Activities/ Human_ Spaceflight/Exploration/Exploring_ together_The_Global_Exploration_Strategy.

③ 全球探索路线图,在线:NASA, http://www.nasa.gov/sites/default/fi les/ fi les/GER – 2013_Small. pdf.

除了 ISECG 的讨论外，目前还没有其他的国际论坛来讨论探索和开发空间自然资源的法律制度问题。因此，建议国际社会采取以下部分或全部步骤：

（1）根据最近关于空间自然资源商业开发的国家监管举措，促进 ISECG 的讨论，以便进一步制定《全球探索路线图》；

（2）《月球协定》缔约国应召集第二次缔约国会议审议，①审议 2015 年《美国太空法》对《月球协定》的权利和义务的影响；②提出一项策略来应对美国的新的法律造成的影响；③考虑如何增加对《月球协议》的接受度和必要时通过修正案；

（3）如果能够达成必要的共识，联合国和平利用外层空间委员会应开始审议《月球协定》，特别是得到更多国家的接受；

（4）一个或几个国家可以通过联合国大会或任何其他适当的国际论坛，发起寻求国际法院咨询意见的程序，以澄清关于空间自然资源的商业开发的现行国际空间法的状况，尤其是考虑到最近一些国家的监管举措。这是必要的，因为对于国际空间研究所适当承认的《外空条约》的解释，可能存在不同意见。此外，澄清适用的国际法对于避免国际冲突，鼓励对从事空间自然资源开发的企业进行必要的大量投资将是重要的。

鉴于目前的地缘政治气候，在今后几年内谈判并通过一项关于探索和最终开发月球和其他天体自然资源的全新条约是不太可能的。然而可能的是，对太空探索和开发自然资源兴趣的重燃，可能会为许多新兴的航天和非航天国家考虑加入《月球协定》提供理论依据和动力。另外，预期在近期从事太空采矿的国家可能会采取相反的做法，不批准《月球协定》。此外，他们可能会采取行动，颁布可能与 2015 年 11 月通过的美国立法平行的国内立法，赋予国有或私营企业（公司）独家利益。

因此，这有可能会造成国有和私营企业之间的分裂，这些企业致力于太空采矿朝一个方向发展，而其他国家则把天体，特别是月球视为全球共有的一部分，朝相反的方向发展。发展的方向可能是遵守《月球协定》和集体组织的合作安排，如原始的国际通信卫星组织或国际海事卫星组织，所有国家及其各自的国有和私营企业都应被邀请参加，以组织国际公共和私营伙伴关系。最后一种选择是建立一种利用空间自然资源的国际公私伙伴关系。

目前，先不考虑 1979 年《月球协定》是否是在国际上规范此类活动的最合适的国际框架。事实上，制定适当的国家法律框架来管理此类活动，不仅是为了避免冲突，也是为了吸引为探索和最终开发空间自然资源，所需的大量财政投资的一种手段。适当的国家监管框架对于实现以下目的也将是重要和必要的：①国家履行国际义务，要求私营公司进行授权并对其进行持续监督；②分摊一个国家因私营企业在太空进行的开发活动所造成的损害而可能承担的任何国际责任。因此，国家管理框架是重要和必要的，不容忽视。

2015 年《美国太空法》代表了国家立法方面的关键一步，并可能成为其他国家为未来太空采矿奠定基础而努力的榜样。美国的立法很重要，这不仅是因为它试图规定与太空采矿有关的国家监管准则，而且也是因为它鼓励开发新的、更高效的空间运输系统、新的责任方法，以及对太空采矿活动的未来发展具有辅助性但又很重要的其他事项。该法案还可能会引发新的国际讨论，比如与太空采矿有关的国际法律规则和监管机制。这也可能有助于集中关注商业企业，今后是否可以在单一民族国家之外的国际协定中得到明确处理的问题。

虽然实际开展太空采矿活动可能还需要几年时间，但以积极主动的方式解决国际和国内法律、监管、金融和组织方面的问题似乎是合理和谨慎的。在过去，等待出现严重问题从来不是一件好事。将适当的国内和国际监管控制推迟到在国家之间或商业运作实体之间，发生直接冲突之后才颁布似乎是不明智的。有句老话说："亡羊补牢，为时晚矣"，这适用于畜棚中的珍贵马匹，也适用于位于太空小行星上的贵金属。

附录

主要国际空间条约和相关美国法律

■ A.1 《关于各国探索和利用包括月球和其他天体在内的外层空间活动所应遵守原则的条约》（1967 年）

简称《外空条约》

联合国大会通过：1966 年 12 月 19 日（第 2222（XXI）号决议）

开放供签署：1967 年 1 月 27 日，伦敦、莫斯科、华盛顿

生效日期：1967 年 10 月 10 日

保存国家：苏维埃社会主义联盟共和国（苏联）、大不列颠及北爱尔兰联合王国（英国）和美利坚和众国（美国）

（资料来源：18 UST 2410；TIAS 6347；610 UNTS 205）

（截至 2016 年 4 月 4 日，共有 104 个国家批准，25 个国家签署）

本条约各缔约国，受到由于人类进入外层空间而在人类面前展现的伟大前景的鼓舞，承认为和平目的而探索和利用外层空间所取得的进展关系到全人类共同的利益，相信外层空间的探索和利用应造福于各国人民，不论他们的经济或科学发展的程度如何，愿意在为和平目的而探索和利用外层空间的科学以及法律方面的广泛国际合作做出贡献，相信这种合作将有助于促进各国和各国人民之间的相互谅解并加强他们之间的友好关系，回顾联合国大会 1963 年 12 月 13 日一致通

过的题为"关于各国探索和利用外层空间活动的法律原则宣言"的第 1962
（XVIII）号决议。回顾联合国大会 1963 年 10 月 17 日一致通过的第 1884（XV-
lll）号决议，要求各国不要将任何载有核武器或任何其他种类大规模毁灭性武器
的物体放置在环绕地球的轨道上，也不要在天体上装置这种武器，考虑到联合国
大会 1947 年 11 月 3 日第 110（11）号决议，谴责旨在或可能煽动或鼓励任何威
胁和平、破坏和平或侵略行为的宣传，并认为上述决议也适用于外层空间，深信
缔结关于各国探索和利用包括月球和其他天体在内的外层空间活动的原则条约，
将促进《联合国宪章》的宗旨和原则，议定条款如下：

第一条　探索和利用外层空间，包括月球与其他天体在内，应本着为所有国
家谋福利与利益的精神，不论其经济或科学发展的程度如何，这种探索和利用应
是全人类的事情。外层空间，包括月球与其他天体在内，应由各国在平等基础上
并按国际法自由探索及利用，不得有任何歧视，天体的所有地区均得自由进入。
对外层空间，包括月球与其他天体在内，应有科学调查的自由，各国应在这类调
查方面便利并鼓励国际合作。

第二条　外层空何，包括月球与其他天体在内，不得由国家通过提出主权主
张，通过使用或占领，或以任何其他方法，据为己有。

第三条　本条约各缔约国探索和利用外层空间，包括月球和其他天体在内的
活动，应按照国际法，包括《联合国宪章》，并为了维护国际和平与安全及增进
国际合作与谅解而进行。

第四条　本条约各缔约国承诺不在环绕地球的轨道上放置任何载有核武器或
任何其他种类大规模毁灭性武器的物体，不在天体上装置这种武器，也不以任何
其他方式在外层空间设置这种武器。

本条约所有缔约国应专为和平目的使用月球和其他天体。禁止在天体上建立
军事基地、军事设施和工事，试验任何类型的武器和进行军事演习。不禁止为了
科学研究或任何其他和平目的而使用军事人员。为和平探索月球与其他天体所必
需的任何装置或设备，也不在禁止之列。

第五条　本条约各缔约国应把航天员视为人类在外层空间的使者，航天员如
遇意外事故、危难或在另一缔约国领土上或公海上紧急降落时，应给予他们一切

可能的协助。航天员降落后，应将他们安全和迅速地送回航天器的登记国。

在外层空间及天体上进行活动时，任一缔约国的航天员应给予其他缔约国的航天员一切可能的协助。

本条约各缔约国如发现在包括月球和其他天体在内的外层空间有对航天员的生命或健康可能构成危险的任何现象，应立即通知本条约其他缔约国或联合国秘书长。

第六条 本条约各缔约国对本国在外层空间，包括月球与其他天体在内的活动应负国际责任，不论这类活动是由政府机构或是由非政府团体进行的，它并应负国际责任保证本国的活动符合本条约的规定。非政府团体在外层空间，包括月球与其他天体在内的活动，应经本条约有关缔约国批准并受其不断的监督。一个国际组织在外层空间，包括月球与其他天体在内进行活功时，遵守本条约的责任应由该国际组织和参加该国际组织的本条约各缔约国共同承担。

第七条 凡发射或促使发射物体进入外层空间，包括月球与其他天体在内的缔约国，以及以其领土或设备供发射物体用的缔约国，对于这种物体或其组成部分在地球上、在大气空间或在外层空间，包括月球与其他天体在内，使另一缔约国或其自然人或法人遭受损害时，应负国际责任。

第八条 凡本条约缔约国为射入外层空间物体的登记国者，对于该物体及其所载人员，当其在外层空间或在某一个天体上时，应保有管辖权和控制权。向外层空间发射的物体，包括在某一天体上着陆或建筑的物体及其组成部分的所有权，不因其在外层空间或在某一天体上或因其返回地球而受影响。这类物体或组成部分如果在其所登记的缔约国境外发现，应交还该缔约国，如经请求，该缔约国应在交还前提供认证资料。

第九条 本条约各缔约国探索和利用外层空间，包括月球与其他天体在内，应以合作和互助的原则为指导，其在外层空间，包括月球与其他天体在内进行的各种活动，应充分注意本条约所有其他缔约国的相应利益。本条约各缔约国对外层空间，包括月球与其他天体在内进行的探索和利用，应避免使它们受到有害污染以及将地球外物质带入而使地球环境发生不利变化，并应在必要时为此目的采取适当措施。如果本条约某一个缔约国有理由认为，该国或其国民在外层空间，包括月球与其他天体在内计划进行的活动或实验可能对其他缔约国和平探索及利用外层空间，包括月球与其他天体在内的活动产生有害干扰时，则该缔约国在开始进行任何这种活动或实验之前，应进行适当的国际磋商。如果本条约某一缔约国有理由认为，另一缔约国在外层空间，包括月球与其他天体在内计划进行的活动或实验，可能对和平探索和利用外层空间，包括月球与其他天体在内的活动产生有害干扰时，则该缔约国可请求就该活动或实验进行磋商。

第十条　为了按照本条约的宗旨促进在探索和利用外层空间，包括月球与其他天体在内的国际合作，本条约各缔约国应在平等基础上，考虑本条约其他缔约国就提供机会对其发射的外层空间物体的飞行进行观察所提出的任何要求。

这种观察机会的性质和提供这种机会的条件，应由有关国家议定。

第十一条　为了促进在和平探索和利用外层空间方面的国际合作，在外层空间，包括月球与其他天体在内进行活动的本条约各缔约国同意，在最大可能和实际可行的范围内，将这类活动的性质、进行情况、地点和结果通知联合国秘书长，并通告公众和国际科学界，联合国秘书长在接到上述情报后，应准备立即作有效传播。

第十二条　在月球与其他天体上的一切站所、设施、装备和航天器，应在对等的基础上对本条约其他缔约国的代表开放。这些代表应将所计划的参观，在合理的时间内提前通知，以便进行适当的磋商和采取最大限度的预防措施，以保证安全并避免干扰所要参观的设备的正常运行。

第十三条　本条约的规定应适用于本条约各缔约国探索和利用外层空间，包括月球与其他天体在内的活动，不论这类活动是由某一个缔约国单独进行还是与其他国家联合进行，包括在国际政府间组织的范围内进行的活动在内。

国际政府间组织在进行探索和利用外层空间，包括月球与其他天体在内的活动时所产生的任何实际问题，应由本条约各缔约国与有关国际组织或与该国际组织内本条约一个或一个以上的缔约国成员解决。

第十四条

1. 本条约应开放供所有国家签署。未在本条约按照本条第三款生效之前签署的任何国家，得随时加入本条约。

2. 本条约须经签署国批准。批准书和加入书应交苏维埃社会主义共和国联盟、大不列颠及北爱尔兰联合王国和美利坚合众国三国政府保存，该三国政府经指定为保存国政府。

3. 本条约应自包括经指定为本条约保存国政府的三国政府在内的五国政府交存批准书起生效。

4. 对于在本条约生效后交存批准书或加入书的国家，本条约应自其批准书或加入书交存之日起生效。

5. 保存国政府应将每一个签字的日期、本条约每份批准书和加入书的交存日期和本条约生效日期以及其他通知事项，迅速告知所有签署国和加入国。

6. 本条约应由保存国政府遵照《联合国宪章》第一百零二条办理登记。

第十五条 本条约任何缔约国得对本条约提出修正案。修正案应自本条约多数缔约国接受之日起，对接受修正案的各缔约国生效，其后，对其余各缔约国则应自其接受之日起生效。

第十六条 本条约任何缔约国得在条约生效一年后用书面通知保存国政府退出本条约。这种退出应自接到通知一年后生效。

第十七条 本条约的英文、俄文、法文、西班牙文和中文五种文本具有同等效力；本条约应保存在保存国政府的档案库内。本条约经正式核证的副本应由保存国政府分送签署国和加入国政府。

下列签署人，经正式授权，在本条约上签字，以资证明。

1967 年 1 月 27 日订于伦敦、莫斯科和华盛顿，一式三份。

▨ A.2 《关于营救宇航员、送回宇航员和归还发射到外层空间的物体的协定》（1968 年）

联合国大会通过：1967 年 12 月 19 日（第 2345（XXII）号决议）

开放供签署：1968 年 4 月 22 日，伦敦、莫斯科、华盛顿

生效日期：1968 年 12 月 3 日

保存国家：苏维埃社会主义共和国联盟、大不列颠及北爱尔兰联合王国、美

利坚和众国

（资料来源：19 UST 7570；TIAS 6599；672 UNTS 119）

截至 2016 年 4 月 4 日，共有 94 个国家批准、24 个国家签署和 2 个国家接受权利和义务（部分条款）

经联合国大会在其 1967 年 12 月 19 日第 2345（XXII）号决议中通过。

本协定各缔约国，注意到《关于各国探索和利用包括月球与其他天体在内的外层空间活动的原则条约》的重要意义，该条约呼吁全力营救发生意外、遇难或紧急降落的宇航员，完全迅速地交还宇航员和归还发射到外层空间的物体。

希望发扬承担这种义务的精神，进一步使承担的义务具体化。

希望在和平探索和利用外层空间方面，促进国际合作。

遵循人道的感情。

该议定条款如下。

第一条　每个缔约国获悉或发现宇航员在其管辖的区域、在公海、在不属任何国家管辖的其他任何地方，发生意外，处于灾难状态，进行紧急或非预定的降落时，要立即做下列工作：

（1）通知发射当局，在不能判明发射当局或不能立即将此情况通知发射当局的情况下，要立即用它所拥有的一切适用的通信手段，公开通报这个情况。

（2）通知联合国秘书长，他要立即动用他所拥有的一切适用的通信手段，传播这个消息。

第二条　宇航员如因意外事故、遇难和紧急的或非预定的降落，降落在任一缔约国管辖的区域内，该国应立即采取一切可能的措施营救宇航员并给他们一切必要的帮助。该国应把它所采取的措施和所取得的结果，通知发射当局和联合国秘书长。如果发射当局的帮助能保证迅速营救，或在很大程度上有助于有效的寻找和营救工作，发射当局应与该缔约国合作，以便有效地实施寻找和营救工作。这项工作将在缔约国的领导和监督下，缔约国与发射当局密切磋商进行。

第三条　如获悉或发现宇航员在公海或在不属任何国家管辖的其他任何地方降落，必要时凡力所能及的缔约国，均应协助寻找和营救这些人员，保证他们迅速得救。缔约国得将其所采取的措施和所取得的结果通知发射当局和联合国秘书长。

第四条 宇航员如因意外事故、遇难和紧急的或非预定的降落，在任一缔约国管辖的区域内着陆，或在公海、不属于任何国家管辖的其他任何地方被发现，他们的安全应予以保证并立即交还给发射当局的代表。

第五条

1. 每个缔约国获悉或发现空间物体或其组成部分返回地球，并落在它所管辖的区域内、公海、或不属任何国家管辖的其他任何地方时，应通知发射当局和联合国秘书长。

2. 每个缔约国若在它管辖的区域内发现空间物体或其组成部分时，应根据发射当局的要求，并如有请求，在该当局的协助下，采取它认为是切实可行的措施，来保护该空间物体或其组成部分。

3. 发射到外层空间的物体或其组成部分若在发射当局管辖的区域外发现，应在发射当局的要求下归还给该发射当局的代表，或交给这些代表支配。如经请求，这些代表应在物体或其组成部分归还前，提出证明资料。

4. 尽管本条第一款和第三款有规定，但是如果缔约国有理由认为在其管辖的区域内出现的或在其他地方保护着的空间物体或其组成部分，就其性质来说，是危险的和有害的时候，则可通知发射当局在该缔约国的领导和监督下，立即采取有效措施，消除可能造成危害的危险。

5. 按照本条第二款和第三款的规定，履行保护和归还空间物体或其组成部分义务所花费的费用，应由发射当局支付。

第六条 就本公约的宗旨而言，"发射当局"是指对发射负责的国家，或是指对发射负责的国际政府间组织，但要以该组织声明承担本公约规定的权利和义务，而其大多数成员系本公约和关于各国探索和利用外层空间（包括月球和其他天体）的活动原则条约的缔约国。

第七条

1. 本公约准许一切国家签字。在本公约根据本条第三款生效前，未在本公约上签字的任何国家随时可加入本公约。

2. 本公约须经签字国批准。批准书和加入文件应送交苏维埃社会主义共和国联盟、大不列颠及北爱尔兰联合王国和美利坚合众国政府存放，为此指定这三国政府为交存国政府。

3. 本公约在五国政府，包括本公约交存国政府在内，交存批准书后生效。

4. 对于在本公约生效后，交存批准书或加入文件的国家，本公约应于其交存批准书或加入文件之日起生效。

5. 交存国政府应将每次签字日期、每次批准书及加入文件交存日期、本公约生效日期及其他事项，立即通知所有签字国和加入国。

6. 本公约应由交存国政府根据《联合国宪章》第一百零二条予以登记。

第八条　本公约的任何缔约国均可对本公约提出修正。对每个要接受这些修正的缔约国来说，修正案在多数缔约国通过后，即可生效；其后，对其余每个加入国来说，修正案应于其接受之日起生效。

第九条　任何缔约国在公约生效一年后，都可书面通知交存国政府，退出公约。退出公约应从接到通知之日起一年后生效。

第十条　本公约的中文、英文、法文、俄文及西班牙文文本均具有同等效力，均交保存国政府存档。保存国政府应把经签字的本公约之副本送交各签字国和加入国政府。

为此，下列全权代表在本公约上签字，以昭信守。

1968 年 4 月 22 日订于伦敦、莫斯科和华盛顿，一式三份。

▨ A.3　《关于空间物体所造成损害的国际责任公约》（1972 年）[①] 简称《责任公约》

本公约缔约国，

确认全人类共同关注，并促进和平探索和利用外层空间。

回顾了关于各国探索和利用外层空间包括月球与其他天体活动所应遵守原则

[①]《空间物体所造成损害的国际责任公约》（联合国第 2777（XXVI）号决议，附件）—— 1971 年 11 月 29 日通过，1972 年 3 月 29 日开放供签署，1972 年 9 月 1 日生效。参见联合国外层空间事务厅（外空委秘书处）官方网站 www.oosa.unvienna.org。

的条约①。

考虑到从事发射空间物体的国家及国际政府间组织虽将采取种种预防性措施，但这些实体仍会偶然造成损害。

确认极需制定关于空间物体所造成损害的责任的有效国际规则与程序；特别要保证，对这种损害的受害人按本公约规定迅速给予充分公正的赔偿。

深信制定这些规则与程序，有助于加强和平探索和利用外层空间方面的国际合作。

兹议定条款如下：

第一条

就适用本公约而言：

（a）"损害"的概念，是指生命丧失，身体受伤或健康的其他损害；国家、自然人、法人的财产，或国际政府间组织的财产受损失或损害；

（b）"发射"包括发射未成功在内；

（c）"发射国"是指：

（1）发射或促使发射空间物体的国家；

（2）从其领土或设施发射空间物体的国家；

（d）"空间物体"，包括空间物体的组成部分、物体的运载工具和运载工具的部件。

第二条

发射国对其空间物体在地球表面，或给飞行中的飞机造成损害，应负有赔偿的绝对责任。

第三条

任一发射国的空间物体在地球表面以外的其他地方，对另一发射国的空间物体，或其所载人员或财产造成损害时，只有损害是因前者的过失或其负责人员的过失而造成的条件下，该国才对损害负有责任。

---

① 即1967年《外空条约》，参见《海洋法公约》附件三第3条，本书附录B。

第四条

1. 任一发射国的空间物体在地球表面以外的其他地方，对另一发射国的空间物体，或其所载人员或财产造成损害，并因此对第三国，或第三国的自然人或法人造成损害时，前两国应在下述范围内共同和单独对第三国负责任：

（a）若对第三国的地球表面或飞行中的飞机造成损害，前两国应对第三国负绝对责任；

（b）若在地球表面以外的其他地方，对第三国的空间物体，或其所载人员或财产，造成损害，前两国对第三国所负的责任，要根据它们的过失，或所属负责人员的过失而定。

2. 在本条第一款所谈共同及单独承担责任的所有案件中，对损害的赔偿责任应按前两国过失的程度分摊；若前两国的过失程度无法断定，赔偿应由两国平均分摊。但分摊赔偿责任，不得妨碍第三国向共同及单独负有责任的发射国的任何一国或全体，索取根据本公约的规定应予偿付的全部赔偿的权利。

第五条

1. 两个或两个以上的国家共同发射空间物体时，对所造成的任何损害应共同及单独承担责任。

2. 发射国在赔偿损害后，有权向共同参加发射的其他国家要求补偿。参加共同发射的国家应缔结协定，据所负的共同及个别责任分摊财政义务。但这种协定，不得妨碍受害国向承担共同及个别责任的发射国的任何一国或全体，索取根据本公约的规定应予偿付的全部赔偿的权力。

3. 从其领土或设施上发射空间物体的国家，应视为参加共同发射的国家。

第六条

1. 除本条第二款另有规定外，发射国若证明，全部或部分是因为要求赔偿国，或其所代表的自然人或法人的重大疏忽，或因为它（他）采取行动或不采取行动蓄意造成损害时，该发射国对损害的绝对责任，应依证明的程度予以免除。

2. 发射国如果因为进行不符合国际法，特别是不符合联合国宪章及关于各国探索和利用外层空间包括月球与其他天体活动所应遵守原则的条约的活动而造成损害，其责任绝不能予以免除。

第七条

本公约之规定不适用于发射国的空间物体对下列人员所造成的损害：

（a）该发射国的国民；

（b）在空间物体从发射至降落的任何阶段内参加操作的、或在空间物体从发射至降落的任何阶段内，应发射国的邀请而留在紧接预定发射或回收区地带的外国国民。

第八条

1. 遭受损害的国家，或遭受损害的任一国家的自然人或法人，可向发射国提出赔偿损害的要求。

2. 若受害的自然人或法人的原籍国未提出赔偿要求，该自然人或法人的所在国可就其所受的损害，向发射国提出赔偿要求。

3. 若永久居民的原籍国或永久居民在其境内遭受损害的国家，均未提出赔偿要求，或均未通知有意提出赔偿要求，永久居民的居住国得就其所受的损害，向发射国提出赔偿要求。

第九条

赔偿损害的要求，应通过外交途径向发射国提出。要求赔偿国若与发射国无外交关系，可请另一国代其向发射国提出赔偿要求，或以其他方式代表其在本公约内的所有利益。要求赔偿国也可通过联合国秘书长提出赔偿要求，但要以要求赔偿国与发射国均系联合国会员国为条件。

第十条

1. 赔偿损害的要求，须于损害发生之日起，或判明应负责任的发射国之日起一年内向发射国提出。

2. 若不知损害业已发生的国家，或未能判明应负责任的发射国的国家，应于获悉上述事实之日起一年内，提出赔偿要求；若有理由认为，要求赔偿国由于关心留意，已知道了上述事实，提出要求赔偿的时间，从知道上述事实之日起，无论如何不得超过一年。

3. 本条第一款和第二款规定的时间限制，也适用于对损害的程度不完全了解的情况。在这种情况下，要求赔偿国有权从该时限期满起至全部了解损害程度后一年止，修订其要求，提出补充文件。

第十一条

1. 根据本公约向发射国提出赔偿损害要求，无须等到要求赔偿国，或其代表的自然人或法人可能有的一切当地补救办法用完后才提出。

2. 本公约不妨碍一国，或其可能代表的自然人或法人向发射国的法院、行政法庭或机关提出赔偿要求。若一国已在发射国的法院、行政法庭或机关提出了赔偿损害的要求，就不得根据本公约或其他对有关各国均有约束力的国际协定，为同一损害再提出赔偿要求。

第十二条

发射国根据本公约负责偿付的损害赔偿额，应按国际法、公正合理的原则来确定，以使对损害所作的赔偿，能保证提出赔偿要求的自然人或法人、国家或国际组织把损害恢复到未发生前的原有状态。

第十三条

除要求赔偿国与按本公约规定应进行赔偿的国家另就赔偿方式达成协议外，赔偿应付给要求赔偿国的货币；若该国请求时，以赔偿国的货币偿付。

第十四条

若在要求赔偿国通知发射国已提出赔偿要求文件之日起一年内，赔偿要求据第九条规定，通过外交谈判仍未获得解决，有关各方应于任一方提出请求时，成立要求赔偿委员会。

第十五条

1. 要求赔偿委员会应由三人组成：一人由要求赔偿国指派，一人由发射国指派，第三人由双方共同选派，并担任主席。每一方应于请求成立要求赔偿委员会之日起两个月内指派出其人员。

2. 若选派主席未能于请求成立委员会之日起四个月内达成协议，任一方得请联合国秘书长另于两个月内指派。

第十六条

1. 若一方未于规定的期限内指派出其人员，主席应根据另一方的要求，组成仅有一个委员的要求赔偿委员会。

2. 不管委员会由于什么原因，而出现委员空缺时，委员会应按原定的指派程序进行补派。

3. 委员会应自行决定它的程序。

4. 委员会应选定一个或数个开会的地点，并决定其他一切行政事项。

5. 除单一委员的委员会所作的决定和裁决外，委员会的一切决定和裁决均应以过半数的表决通过。

第十七条

要求赔偿委员会的委员人数，不得因有两个或两个以上的要求赔偿国或发射国共同参加委员会处理任一案件，而有所增加。共同参加的要求赔偿国，应按与一个要求赔偿国相同的方式和条件，共同指派一名委员会的委员。两个或两个以上的发射国参加时，应按同样的方式共同指派一名委员会的委员。要求赔偿国或发射国若未在规定期限内指派出人选，主席应组成单一委员的委员会。

第十八条

要求赔偿委员会应决定赔偿的要求是否成立，在需要赔偿的情况下，并确定应付赔偿的总额。

第十九条

1. 要求赔偿委员会应按第十二条的规定行事。

2. 若各方同意，委员会的决定应是最终的，并具有约束力；否则委员会应提出最终的建议性裁决，由各方认真加以考虑。委员会应提出其决定或裁决的理由。

3. 委员会应尽速作出决定或裁决，至迟也要在委员会成立之日起一年内作出，除非委员会认为有必要将此期限加以延长。

4. 委员会应公布其决定或裁决。委员会应将决定或裁决的正式副本送交各方和联合国秘书长。

第二十条

除非委员会另有规定，要求赔偿委员会的经费应由各方平等分担。

第二十一条

若空间物体所造成的损害严重地危及人的生命，或严重干扰人民的生命条件或重要中心的功能，各缔约国，特别是发射国，在受害国请求时应审查能否提供适当与迅速的援助。但本条规定不影响各缔约国按本公约的规定所具有的权利和义务。

第二十二条

1. 若任何从事空间活动的国际政府间组织声明接受本公约所规定的权利和义务，其一半成员系本公约及关于各国探索和利用外层空间包括月球与其他天体活动所应遵守原则的条约的缔约国，本公约，除第二十四条至第二十七条外，对所称国家的一切规定，完全适用于该组织。

2. 凡既是这种组织的成员国，又是本公约的缔约国的国家，应采取一切适当步骤，保证该组织按上款的规定发表声明。

3. 若国际政府间组织根据本公约的规定对损害负有责任，该组织及其成员国中的本公约缔约国，应承担共同及个别责任；但：

（a）对这种损害的任何赔偿要求，应首先向该组织提出；

（b）唯有在该组织于六个月内，未支付经协议或决定规定为赔偿损害而应付的款额时，要求赔偿国才得要求，该组织成员国中的本公约缔约国负责支付该款额。

4. 凡按本条第一款的规定发表了声明的组织，受到损害时，应由该组织内的本公约缔约国根据本公约的规定，提出赔偿要求。

第二十三条

1. 本公约的规定，对现行其他国际协定的缔约国之间的关系，不发生影响。

2. 本公约规定，不妨碍各国缔结国际协定，重申、补充或推广本公约各条款。

第二十四条

1. 本公约应开放供一切国家签字。在本公约根据本条第三款生效之前，没有在本公约上签字的任何国家可随时加入本公约。

2. 本公约应由签字国批准，批准书和加入文件应送交苏维埃社会主义共和国联盟、大不列颠及北爱尔兰联合王国和美利坚合众国政府存放，为此指定这三国政府为交存国政府。

3. 本公约应于第五个批准书交存时生效。

4. 对于在本公约生效生，交存批准书或加入文件的国家，本公约应于其交存批准书或加入文件之日起生效。

5. 交存国政府应将每次签字目期、每次批准书及加入文件交存日期、本公约生效日期及其他事项，迅速通知所有签字国和加入国。

6. 本公约应由交存国政府遵照联合国宪章第一百零二条予以登记。

第二十五条

本公约的任何缔约国均可对本公约提出修正。对每个缔约国来说，每项修正在多数缔约国通过后即可生效，对以后每个加入国来说，修正应于其接受之日起生效。

第二十六条

本公约生效十年后应将审查本公约的问题列入联合国大会临时议程，以便参照公约过去的实施情况，审议是否须作修订。但公约在生效五年后的任何时期内，根据三分之一的公约缔约国的请求并经缔约国过半数同意，应召开本公约缔约国会议审查本公约。

第二十七条

本公约任何缔约国在公约生效一年后，都可书面通知交存国政府，退出公约。退出公约应从接到通知之日起一年后生效。

第二十八条

本公约的中文、英文、法文、俄文及西班牙文文本均具有同等效力，均交存国政府存档。交存国政府应把经签字的本公约之副本送交各签字国和加入国政府。

为此，下列全权代表在本公约上签字，以昭信守。

一九七二年三月二十九日订于伦敦、莫斯科和华盛顿，一式三份。

A. 4　《关于登记射入外层空间物体的公约》（1975 年）

联合国大会通过时间：1974 年 11 月 12 日

决议：3235（XXIX）

于 1975 年 1 月 14 日在纽约开放签署

生效时间：1976 年 9 月 15 日

保管人：联合国秘书长

（资料来源：28 UTS 695；TIAS 8480；1023 UNTS 15）

截至 2016 年 4 月 4 日，共有 62 项批准，4 个签名与三项权利与义务的接受（条款节选）

本公约缔约各国，承认全体人类为和平目的而促进探索及利用外层空间的共同利益，回顾到 1967 年 1 月 27 日的关于各国探索和利用外层空间包括月球和其他天体在内的活动所应遵守原则的条约内，曾确认各国对其本国在外层空间的活动应负国际责任，并提到射入外层空间的物体登记有案的国家。又回顾到 1968 年 4 月 22 日的《关于营救宇航员、送回宇航员和归还发射到外层空间的物体的协定》规定，一个发射当局对于其射入外层空间而在发射当局领域界限之外发现的物体，经请求时，应在交还前提供证明的资料。再回顾到 1972 年 3 月 29 日的《空间物体造成损害的国际责任公约》，确立了关于发射国家对其外空物体造成的损害所负责任的国际规则和程序，盼望根据《关于各国探索和利用包括月球和其他天体在内外层空间的活动的原则条约》，拟订由发射国登记其射入外层空间物体的规定，还盼望在强制的基础上设置一个由联合国秘书长保持的射入外层空间物体总登记注册，也盼望为缔约各国提供另外的方法和程序，借以帮助辨认外层空间物体，相信一种强制性的登记射入外层空间物体的制度，将特别可以帮助辨认此等物体，并有助于管理探索和利用外层空间的国际法的施行和发展，该公约如下。

第一条

为了本公约的目的：

（a）"发射国"一词是指

①一个发射或促使发射外空物体的国家；②一个从其领土上或设备发射外空物体的国家。

（b）"外层空间物体"一词包括一个外层空间物体的组成部分以及外层空间物体的发射载器及其零件。

（c）"登记国"一词是指一个依照第二条将外层空间物体登入其登记册的发射国。

第二条

1. 发射国在发射一个外空物体进入或越出地球轨道时，应以登入其所须保持的适当登记册的方式登记该外空物体，每一个发射国应将其设置此种登记册事情通知联合国秘书长。

2. 任何此种外空物体有两个以上的发射国时，各该国应共同决定由其中的哪一国依照本条第一款登记该外空物体，同时注意到《关于各国探索和利用包括月球和其他天体在内的外层空间活动所应遵守原则的条约》第八条的规定，并且不妨碍各发射国间就外空物体及外空物体上任何人员的管辖和控制问题所缔结的或日后缔结的适当协定。

3. 每一登记册的内容项目和保持登记册的条件应由有关的登记国决定。

第三条

1. 联合国秘书长应保持一份登记册，记录依照本公约的第四条所提供的情报。

2. 这份登记册所载情报应充分公开，听任查阅。

第四条

1. 每一个登记国应在切实可行的范围内尽速向联合国秘书长提供有关登入其登记册的每一个外空物体的下列情报：

（a）发射国或多数发射国的国名；

（b）外空物体的适当标志或其登记号码；

（c）发射的日期和地域或地点；

（d）基本的轨道参数，包括：①轨道周期；②倾斜角；③远地点；④近地点。

（e）外空物体的一般功能。

2. 每一个登记国得随时向联合国秘书长供给有关其登记册内所载外空物体的其他情报。

3. 每一个登记国应在切实可行的最大限度内，尽速将其前曾提送情报的原在地球轨道内，但现已不复在地球轨道内的外层空间物体通知联合国秘书长。

第五条　每当发射进入或越出地球轨道的外层空间物体具有本公约第四条第一款（b）项所述的标志或登记号码，或二者兼有时，登记国在依照本公约第四条提送有关该外层空间物体的情报时，应将此项事实通知联合国秘书长。在此种情形下，联合国秘书长应将此项通知记入登记册。

第六条　本公约各项规定的施行，如不能使一个缔约国辨认对该国或对其所辖任何自然人或法人造成损害、或可能具有危险性或毒性的外层空间物体时，其他缔约各国，特别包括拥有空间监视和跟踪设备的国家，应在可行的最大限度内，响应该缔约国所提出或经由联合国秘书长代其提出，在公允和合理的条件下协助辨认该物体的请求。提出这种请求的缔约国应在可行的最大限度内提供关于引起这项请求的事件的时间、性质及情况等情报。给予这种协助的安排应由有关各方协议商定。

第七条

1. 除本公约第八条至第十二条（连第八条和第十二条在内）外，凡提及国家时，应视为适用于从事外空活动的任何政府间国际组织，但该组织必须声明接受本公约规定的权利和义务，并且该组织的多数会员国须为本公约和《关于各国探索和利用包括月球和其他天体在内的外层空间活动的原则条约》的缔约国。

2. 为本公约缔约国的任何这种国际组织的会员国，应采取一切适当步骤，保证该组织依照本条第一款规定发表声明。

第八条

1. 本公约应听由所有国家在纽约联合国总部签字。凡在本公约按照本条第三款生效以前尚未签字于本公约的任何国家得随时加入本公约。

2. 本公约应经各签字国批准。批准书和加入书应交存联合国秘书长。

3. 本公约应于向联合国秘书长交存第五件批准书时在已交存批准书的国家间发生效力。

4. 对于在本公约生效后交存批准书或加入书的国家，本公约应自其交存批准书或加入书之日起开始生效。

5. 秘书长应将每一个签字日期、交存本公约的每一个批准书和加入书日期、本公约生效日期和其他通知事项，迅速告知所有签字国和加入国。

第九条

本公约任何缔约国，得对本公约提出修正案。修正案对于每一个接受修正案的缔约国应在过半数缔约国接受该修正案时发生效力，嗣后对于其余每个缔约国应在该缔约国接受修正案之日发生效力。

第十条　本公约生效十年以后，应在联合国大会的临时议程内列入复核本公约的问题，以便按照公约过去施行情形，考虑其是否需要修订。但是，在本公约生效五年以后的任何时期，如经缔约各国三分之一的请求并征得多数缔约国的同意，应即召开缔约国会议复核本公约。此种复核应特别计及任何相关的技术发展情形，包括有关识别外层空间物体的技术发展情形。

第十一条　本公约任何缔约国得在本公约生效一年以后，以书面通知联合国秘书长退出本公约。退出公约应自接获该通知之日起一年后发生效力。

第十二条　本公约原本应交存联合国秘书长，其阿拉伯文、中文、英文、法文、俄文及西班牙文本同样作准。秘书长应将本公约经证明的副本分送所有签字国和加入国。

为此，下列签字人，经各自政府正式授权，签字于本公约，以昭信守。本公约于 1975 年 1 月 14 日在纽约听由各国签署。

■ A.5 《关于各国在月球及其他天体上活动的协定》（1979 年）简称《月球协定》

联合国大会通过时间：1979 年 12 月 5 日

决议：34/68

于 1979 年 12 月 18 日在纽约开放签署

生效时间：1984 年 7 月 11 日

保管人：联合国秘书长

来源：18 ILM 1434；1363 UNTS 3

截至 2016 年 4 月 4 日，共有 16 份批准书和 4 份签署书

本协定各缔约国，注意到各国在月球和其他天体的探索和利用方面所获得的成就，认识到构成地球的天然卫星的月球在探索外层空间方面起着重大的作用，决心在平等基础上促成各国在探索和利用月球和其他天体方面合作的进一步发展，切望不使月球成为国际冲突的场所，铭记着开发月球和其他天体的自然资源所可能带来的利益，回顾《关于各国探索和利用包括月球与其他天体在内的外层空间活动的原则条约》《关于营救宇航员、送回宇航员和归还发射到外层空间的物体的协定》《空间物体造成损害的国际责任公约》和《关于登记射入外层空间物体的公约》，考虑到对于此类有关月球和其他天体的国际文书的各项条款必须参照外层空间的探索和利用的继续进展，加以阐释和发展，达成协定如下。

第一条

1. 本协定内关于月球的条款也适用于太阳系内地球以外的其他天体，但是如果此类天体已有现已生效的特别法律规则，则不在此限。

2. 为了本协定的目的，"月球"一词包括环绕月球的轨道或其他飞向或飞绕月球的轨道。

3. 本协定不适用于循自然方式到达地球表面的地球外物质。

第二条　月球上的一切活动，包括其探索和利用在内，应按照国际法，尤其是《联合国宪章》的规定，考虑到 1970 年 10 月 24 日大会通过的关于各国依《联合国宪章》建立友好关系和合作的国际法原则宣言，顾及维持国际和平与安全及促进国际合作与相互谅解的利益并适当顾及所有其他缔约国的相应利益予以进行。

第三条

1. 月球应供全体缔约国专为和平目的而加以利用。

2. 在月球上使用武力或以武力相威胁，或从事任何其他敌对行为或以敌对行为相威胁概在禁止之列。利用月球对地球、月球、航天器或人造外空物体的人员实施任何此类行为或从事任何此类威胁，也应同样禁止。

3. 缔约各国不得在环绕月球的轨道上或飞向或飞绕月球的轨道上，放置载有核武器或任何其他种类的大规模毁灭性武器的物体，或在月球表面上或月球内放置或使用此类武器。

4. 禁止在月球上建立军事基地、军事装置及防御工事，试验任何类型的武器及举行军事演习。但是不禁止为科学研究或为任何其他和平目的而使用军事人员，也不禁止使用为和平探索和利用月球所必要的任何装备或设备。

第四条

1. 月球的探索和利用应是全体人类的事情并应为一切国家谋福利，无论它们的经济或科学发展程度如何。应依照《联合国宪章》的规定，充分注意现在与后代人类的利益、以及提高生活水平与促进经济和社会进步和发展的需要。

2. 缔约各国应遵循合作和互助原则从事一切有关探索和利用月球的活动。按照本协定进行的国际合作，应尽量扩大范围，并可在多边基础上、双边基础上、或通过政府间国际组织进行。

第五条

1. 缔约各国应在实际可行的范围内尽量将它们在探索和利用月球方面的活动，告知联合国秘书长以及公众和国际科学界。每次飞往月球的任务的时间、目的、位置、轨道参数和期间的情报应在发射后立即公布，而关于每次飞行任务的结果，包括科学结果在内的情报则应在完成任务时公布。如果一次飞行任务的期间超过六十天，应将飞行任务进行情况的情报，包括科学结果在内，每隔三十天公布一次。如飞行任务超过六个月，则在六个月以后，只须将这方面的重要补充情报予以公布。

2. 如一个缔约国获知另一个缔约国计划同时在月球上的同一个区域、或环绕月球的同一个轨道、或飞向或飞绕月球的同一个轨道进行活动时，应立即将其自己进行活动的时间和计划通知该缔约国。

3. 缔约各国在进行本协定所规定的活动时，应将其在外层空间，包括月球在内所发现的可能危及人类生命或健康的任何现象以及任何有机生命迹象，通知联合国秘书长、公众和国际科学界。

第六条

1. 所有缔约各国都享有不受任何种类的歧视，在平等基础上，并按照国际法的规定在月球上从事科学研究的自由。

2. 缔约各国为促进本协定各项规定的实施而进行科学研究时，应有权在月球上采集并移走矿物和其他物质的标本。发动采集此类标本的缔约各国可保留其处置权，并可为科学目的而使用这些标本。缔约各国应顾及到是否将此类标本的一部分供给感兴趣的其他缔约国和国际科学界作科学研究之用。缔约各国在进行科学研究时，也可使用适当数量的月球矿物和其他物质以支援它们的任务。

3. 缔约各国同意于派遣人员前往月球或在其上建立装置时，在实际可行的范围内宜尽量交换科学和其他人员。

第七条

1. 缔约各国在探索和利用月球时，应采取措施，防止月球环境的现有平衡遭到破坏，不论这种破坏是由于在月球环境中导致不利变化，还是由于引入环境外物质使其环境受到有害污染，或由于其他方式而产生。缔约各国也应采取措施防止地球环境由于引入地球外物质或由于其他方式而受到有害影响。

2. 缔约各国应将它们按照本条第一款所采取的措施通知联合国秘书长，并应尽一切可能预先将它们在月球上放置的一切放射性物质以及放置的目的通知联合国秘书长。

3. 缔约各国应就月球上具有特殊科学重要性的地区向其他缔约国和联合国秘书长提出报告，以便在不损害其他缔约国权利的前提下，考虑将这些地区指定为国际科学保护区，并经同联合国各主管机构协商后，对这些地区商定特别保护办法。

第八条

1. 缔约各国可在月球的表面或表面之下的任何地点进行其探索和利用的活动，但须遵守本条约的其他规定。

2. 为此目的，缔约各国可以进行如下工作：

（a）在月球上降落及从月球发射外空物体。

（b）将它们的人员、航天器①、装备、设施、站所和装置放置在月球表面或月球表面之下的任何地点。人员、航天器、装备、设施、站所和装置可在月球表面或月球表面之下自由移动或自由被移动。

3. 缔约各国依据本条第一款和第二款进行的活动不应妨碍其他缔约国在月球上的活动。发生此种妨碍时有关缔约各国应依照第十五条第二款和第三款规定进行协商。

第九条

1. 缔约各国可在月球上建立配置人员及不配置人员的站所。建立站所的缔约国应只使用为站所进行业务所需要的地区，并应立即将该站所的位置和目的通知联合国秘书长。以后每隔一年该缔约国应同样将站所是否继续使用，及其目的有无变更通知联合国秘书长。

2. 设置站所应不妨碍依照本协定及《关于各国探索和利用包括月球与其他天体在内的外层空间活动的原则条约》第一条规定在月球上进行活动的其他缔约国的人员、航天器和设备自由进入月球所有地区。

第十条

1. 缔约各国应采取一切实际可行的措施，以保护在月球上的人的生命和健康。为此目的，缔约各国应视在月球上的任何人为《关于各国探索和利用包括月球和其他天体在内的外层空间活动的原则条约》第五条所称的宇航员，并视其为《营救宇航员、送回宇航员和归还发射到外层空间的物体的协定》所称外空飞行器人员的一部分。

2. 缔约各国应以其站所、装置、航天器、及其他设备供月球上遭难人员避难之用。

第十一条

1. 月球及其自然资源均为全体人类的共同财产，这将在本协定的有关条款，

---

① 联合国文件《月球协定》中文版本原文将"Vehicles"及"Space Vehicles"译为"外空运载器"，不太符合原意，现统一译为"航天器"，以与《外空条约》中文版本保持一致，下同。有人译作"宇宙飞行器"，虽然比"外空运载器"符合原意，但不如"航天器"简洁、准确。

尤其是本条第五款中表现出来。

2. 月球不得由国家依据主权要求，通过利用或占领，或以任何其他方法据为己有。

3. 月球的表面或表面下层或其任何部分或其中的自然资源均不应成为任何国家、政府间或非政府国际组织、国家组织或非政府实体或任何自然人的财产。在月球表面或表面下层，包括与月球表面或表面下层相连接的构造物在内，安置人员、航天器、装备设施、站所和装置，不应视为对月球或其任何领域的表面或表面下层取得所有权。上述条款不影响本条第五款所述的国际制度。

4. 缔约各国有权在平等基础上和按照国际法和本协定的规定探索和利用月球，不得有任何性质的歧视。

5. 本协定缔约各国承诺一旦月球自然资源的开发即将可行时，建立指导此种开发的国际制度，其中包括适当程序在内。本款该按照本协定第十八条的规定予以实施。

6. 为了便利建立本条第五款所述的国际制度，缔约各国应在实际可行的范围内，尽量将它们在月球上发现的任何自然资源告知联合国秘书长以及公众和国际科学界。

7. 即将建立的国际制度的主要宗旨包括：

（a）有秩序地和安全地开发月球的自然资源。

（b）对这些资源作合理的管理。

（c）扩大使用这些资源的机会。

（d）所有缔约国应公平分享这些资源所带来的惠益，而且应当对发展中国家的利益和需要，以及各个直接或间接对探索月球作出贡献的国家所做的努力，给予特别的照顾。

8. 有关月球自然资源的一切活动均应适当进行，以便符合本条第七款所订各项宗旨以及本协定第六条第二款的规定。

第十二条

1. 缔约各国对其在月球上的人员、航天器、装备、设施、站所和装置应保有管辖权和控制权，航天器、装备、设备、站所和装置的所有权不因其在月球上而受影响。

2. 凡在预定位置以外的场地发现的航天器，装置及装备或其组成部分应依照《关于营救宇航员、送回宇航员和归还发射到外层空间的物体的协定》第五条处理。

3. 缔约各国如遇足以威胁人命的紧急情况时，可使用其他缔约国在月球上的装备、航天器、装置、设施或供应品。此种使用应迅速通知联合国秘书长或有关缔约国。

第十三条

一个缔约国获悉并非其本国所发射的外空物体在月球上坠毁、强迫着陆、或其他非出自本意的着陆时，应迅速通知发射该物体的缔约国和联合国秘书长。

第十四条

1. 缔约各国对于本国在月球上的各种活动应负国际责任，不论这类活动是由政府机构或非政府团体所进行的，并应负国际责任保证本国活动的进行符合本协定所载的各项规定。缔约各国应保证它们所管辖的非政府团体只有在该缔约国的管辖和不断监督下方可在月球上从事各种活动。

2. 缔约各国承认，由于在月球上的活动的增加，除《关于各国探索和利用包括月球与其他天体在内的外层空间活动的原则条约》和《空间物体所造成损害的国际责任公约》内的条款以外，或许需要有关在月球上引起的损害赔偿责任的细节办法。对任何此类办法的拟订均应依照本协定第十八条所规定的程序。

第十五条

1. 每一个缔约国得查明其他缔约国从事探索及利用月球的活动确是符合本协定的规定。为此目的，在月球上的一切航天器、装备、设施、站所和装置应对其他缔约国开放。这些缔约国应于合理期间事先发出所计划的参观通知，以便举行适当协商和采取最大限度的预防措施，以保证安全和避免干扰被参观设备的正常操作。为实行本条，任何一个缔约国可使用其自己的手段，也可在任何其他缔约国的全面或局部协助下，或经由联合国体制内的适当国际程序，遵照《联合国宪章》的规定采取行动。

2. 一个缔约国如有理由相信另一个缔约国未能履行依照本协定所负的义务或相信另一个缔约国妨害其在本协定规定下所享有的权利时，可要求与该国进行协商。接获此种要求的缔约国应立即开始协商，不得迟延。任何其他缔约国如提出要求，应有权参加协商。每一个参加此项磋商的缔约国，应对任何争议寻求可以互相接受的解决办法，并应照顾所有缔约各国的权利和利益。上述磋商结果应通知联合国秘书长，并由联合国秘书长将所获情报转送一切有关缔约国。

3. 如果磋商结果未能导致一项可以互相接受而又适当顾及所有缔约国权利和利益的解决办法，有关各国应采取一切措施，以它们所选择的并且适合争端的情况和性质的其他和平方法解决这项争端。如果在开展协商方面发生困难或协商结果未能导致一项可以互相接受的解决办法，任何缔约国可无须征求任何其他有关缔约国的同意要求联合国秘书长协助解决争端。一个缔约国如果没有同另一个有关缔约国保持外交关系，则应自行选择由其自己出面参加协商或经由另外的缔约国或联合国秘书长作为中间人参加协商。

第十六条

除第十七条至第二十一条外，凡在本协定内提及国家时，应视为适用于进行外空活动的任何政府间国际组织，但该组织须声明接受本协定内所规定的权利和义务，并且该组织的多数会员国须为本协议及《关于各国探索和利用包括月球与其他天体在内的外层空间活动的原则条约》的缔约国。为本协定缔约国的任何此等组织的会员国，应采取一切适当步骤，以保证该组织依照上述规定发表声明。

第十七条

本协定任何缔约国均得对本协定提出修正案。修正案对于每一个接受修正案的本协定缔约国在本协定多数缔约国接受修正案时发生效力，其后对于本协定其余每个缔约国，在该缔约国接受修正案之日发生效力。

第十八条

本协定生效后十年，联合国大会应在临时议程内列入审查本协定的问题，以便参照本协定过去的实施情况，审议是否需加修正。但在本协定生效五年后的任何时候，作为协定保存人的联合国秘书长，经本协定三分之一的缔约国提出要求，并经多数缔约国同意，即应召开缔约国会议，以审查本协定。审查会议还应按照第十一条第一款所述原则，并且在特别考虑到任何有关的技术发展的情况下，审议执行第十一条第五款的各项规定的问题。

第十九条

1. 本协定应开放给所有国家在纽约联合国总部签署。

2. 本协定应经各签字国批准。在本协定按照本条第三款生效前未在本协定签字的任何国家得随时加入本协定。批准书和加入书应交存联合国秘书长。

3. 本协定应在五国政府交存批准书后第三十天生效。

4. 对于本协定生效后交存批准书或加入书的国家，本协定应自其交存批准书或加入书之日后第三十天开始生效。

5. 联合国秘书长应将每次签字的日期，交存每项批准或加入本协定文书的日期，本协定生效日期和接得其他通知的情况立即通知所有签字国和加入国。

第二十条

任何缔约国可在本协定生效后一年书面通知联合国秘书长退出本协定，这种退出应在接得通知后一年生效。

第二十一条

本协定的阿拉伯文、中文、英文、法文、俄文及西班牙文六种文本具有同等效力，并应交存联合国秘书长，由秘书长将本协定正式核证的副本分送各签署国和加入国。

为此，下列签字人，经本国政府正式授权，在本协定上签字，以昭信守。

本协定于 1979 年 12 月 18 日在纽约开放供各国签署。

A. 6 《关于在外层空间使用核动力源的原则》（1999 年）简称《核动力源使用原则》①

大会，

审议了和平利用外层空间委员会第三十五届会议的工作报告及委员会所核可并附在其报告的关于在外层空间使用核动力源的原则的案文，

---

① 资料来源：联合国大会 1992 年 12 月 14 日 47/68 号决议，参见联合国外层空间事务厅（外空委秘书处）官方网站 http://ww.cosa.unviena.org/oosa/zh/SpaceLaw/gares/html/gares_47_0068.html,2011 年 5 月 13 日访问。

认识到核动力源由于体积小、寿命长及其他特性，特别适用于甚至必须用于在外层空间的某些任务，

还认识到核动力源在外层空间的使用应当集中于能够利用核动力源特性的那些用途，

又认识到在外层空间使用核动力源应当以包括或然风险分析在内的彻底安全评价为基础，特别应着重减少公众意外地接触到有害辐射或放射物质的危险，

确认在这方面需要一组含有目标和准则的原则，以确保在外层空间安全使用核动力源，

申明这组原则适用于专门在空间物体上为非推进目的发电的、其特性大体上与原则通过时所使用的系统和执行的任务相似的外层空间核动力源，

认识到这组原则将来需要参照新的核动力用途和国际上对辐射防护提出的新建议而进行订正，

通过下列关于在外层空间使用核动力源的原则。

原则 1. 国际法的适用性

涉及在外层空间使用核动力源的活动应按照国际法进行，尤其是《联合国宪章》和《关于各国探索与利用包括月球和其他天体在内外层空间活动的原则条约》。

原则 2. 用语

1. 为这些原则的目的，"发射国"和"发射……的国家"两词是指，在与有关原则相关的某一时刻对载有核动力源的空间物体实施管辖和控制的国家。

2. 为原则 9 的目的，其中所载"发射国"一词的定义适用于该原则。

3. 为原则 3 的目的，"可预见的"和"一切可能的"两词是用来形容其实际发生的总体可能性到达了据认为对安全分析来说是有可信可能性的程度的一类事件或情况。"深入防范总概念"一词在适用于外层空间核动力源时是指用各种设计形式和航天操作代替或补充运转的系统，以防止系统发生故障或减轻其后果。实现这一目的并非一定要求每个单一部件都有冗余的安全系统。鉴于空间使用和

各种航天任务的特殊要求，不可能把任何一套特定的系统或特点规定为实现这一目的所必须的。为原则 3 第 2（d）段的目的，"使其进入临界状态"不包括诸如零功率测试这类确保系统安全所必需的行动。

原则 3. 安全使用的准则和标准

为了尽量减少空间放射性物质的数量和所涉的危险，核动力源在外层空间的使用应限于用非核动力源无法合理执行的航天任务。

1. 关于放射性防护和核安全的一般目标

（a）发射载有核动力源的空间物体的国家应力求保护个人、人口和生物圈免受辐射危害。载有核动力源的空间物体的设计和使用应极有把握地确保使危害在可预见的操作情况下或事故情况下均低于第 1（b）和（c）段界定的可接受水平。

这种设计和使用还应极可靠地确保放射性材料不会显著地污染外层空间。

（b）在载有核动力源的空间物体正常操作期间，包括从第 2（b）段界定的足够高的轨道重返之时，应遵守国际辐射防护委员会建议的对公众的适当辐射防护目标。在此种正常操作期间，不得产生显著的辐照；

（c）为限制事故造成的辐照，核动力源系统的设计和构造应考虑到国际上有关的和普遍接受的辐照防护准则。

除发生具有潜在严重放射性后果之事故的或然率极低的情况外，核动力源系统的设计应极有把握地将辐照限于有限的地理区域，对于个人的辐照量则应限于不超过每年 1 mSv 的主剂量限度。允许采用若干年内每年 5 mSv 的辐照副剂量限度，但整个生命期间的平均年有效剂量当量不得超过每年 1 mSv 的主剂量限度。

应通过系统设计使发生上述具有潜在严重放射后果的事故的或然率非常小。

本段提及的准则今后若有修改，应尽快适用；

（d）应根据深入防范总概念设计、建造和操作对安全十分重要的系统。根据这一概念，可预见的与安全有关的故障都必须用另一种可能是自动的行动或程序加以纠正或抵消。

应确保对安全十分重要的系统的可靠性，办法除其他外包括使这些系统的部件具有冗余配备、实际分离、功能隔离和适当的独立。

还应采取其他措施提高安全水平。

2. 核反应堆

（a）核反应堆可用于：

（一）行星际航天任务；

（二）第 2（b）段界定的足够高的轨道；

（三）低地球轨道，条件是航天任务执行完毕后核反应堆须存放在足够高的轨道上；

（b）足够高的轨道是指轨寿命足够长，足以使裂变产物衰变到大约为锕系元素活性的轨道。足够高轨道必须能够使对现有和未来外空航天任务构成的危险和与其他空间物体相撞的危险降至最低限度。在确定足够高的轨道的高度时还应考虑到毁损反应堆的部件在再入地球大气层之前也须经过规定的衰变时间。

（c）核反应堆只能用高浓缩铀 235 燃料。核反应堆的设计应考虑到裂变和活化产物的放射性衰变。

（d）核反应堆在达到工作轨道或行星际飞行轨道前不得使其进入临界状态。

（e）核反应堆的设计和建造应确保在达到工作轨道前发生一切可能事件时均不能进入临界状态，此种事件包括火箭爆炸、再入、撞击地面或水面、沉入水下或水进入堆芯。

（f）为显著减少载有核反应堆的卫星在其寿命低于足够高轨道的轨道上操作期间（包括在转入足够高轨道的操作期间）发生故障的可能性，应有一个极可靠的操作系统，以确保有效地和有控制地处理反应堆。

3. 放射性同位素发电机

（a）行星际航天任务和其他脱离地球引力场的航天任务可使用放射性同位素发电机。如航天任务执行完毕后将发电机存入在高轨道上，则也可用于地球轨道。在任何情况下都须作出最终的处理。

（b）放射性同位素发电机应用封闭系统加以保护，该系统的设计和构造应保证在可预见的轨道条件下在再入高层大气时承受热力和空气动力，轨道运行条件在有关时包括高椭圆轨道或双曲线轨道。一旦发生撞击，封闭系统和同位素的物理形态应确保没有放射性物质散入环境，以便可以通过一次回收作业完全清除撞击区的放射性。

原则 4. 安全评价

1. 在发射时符合原则 2 第 1 段定义的发射国，应在发射之前在适用情况下与设计、建造或制造核动力源者，或将操作该空间物体者、或将从其领土或设施发射该空间物体者合作，确保进行彻底和全面的安全评价。这一评价还应涉及航天任务的所有有关阶段，并应顾及所涉一切系统，包括发射手段、空间平台、核动力源及其设备、以及地面与空间之间的控制和通信手段。

2. 这一评价应遵守原则 3 所载关于安全使用的指导方针和标准。

3. 根据关于各国探索和利用外层空间包括月球与其他天体活动所应遵守原则的条约第十一条，应在每一次发射之前公布这一安全评价的结果同时在可行的范围内说明打算进行发射的大约时间，并应通知联合国秘书长，各国如何能够在发射前尽早获得这种安全评价结果。

原则 5. 重返时的通知

1. 发射载有核动力源的空间物体的任何国家在该空间物体发生故障而产生放射性物质重返地球的危险时，应及时通知有关国家。通知应按照下列格式：

（a）系统参数：

（一）发射国的名称，包括在发生意外事故时可以与其接触以索取更多资料或得到援助的有关当局的地址；

（二）国际称号；

（三）发射日期和发射地区或地点；

（四）对轨道寿命、轨迹和撞击地区作出最佳预测所需的资料；

（五）航天器的一般功能；

（b）关于核动力源的放射危险性的资料：

（一）动力源的类型：放射性同位素/反应堆；

（二）可能落到地面的燃料与受沾染和/或活化组件的可能物理状态、数量和一般放射特性。"燃料"一词是指作为热源或动力源的核材料。

这份资料也应当送交给联合国秘书长。

2. 一旦知道发生故障，发射国即应提供符合上述格式的资料。资料应尽可能频密地加以更新，并且在预计重返地球大气稠密层的时刻接近时，增加提供最新资料的频率，以便国际社会了解情况并有充分时间计划任何被认为是必要的国家应变措施。

3. 还应以同样的频率将最新的资料提供给联合国秘书长。

原则 6. 协商

根据原则 5 提供资料的国家，应尽量在合理可行的情况下，对其他国家的索取进一步资料的要求或协商的要求迅速予以答复。

原则 7. 对各国提供的协助

1. 在接到关于载有核动力源的空间物体及其组件预计将重返地球大气层的通知以后，拥有空间监测和跟踪设施的所有国家均应本着国际合作精神，尽早向联合国秘书长和有关国家提供它们可能拥有的关于载有核动力源的空间物体发生故障的有关情报，以便使可能受到影响的各国能够对情况作估计，并采取任何被认为是必要的预防措施。

2. 在载有核动力源的空间物体及其组件重返地球大气层之后：

（a）发射国应根据受影响国家的要求，迅速提供必要的协助，以消除实际的和可能的影响，包括协助查明核动力源撞击地球表面的地点，侦测重返的物质和进行回收或清理活动。

（b）除发射国以外的所有拥有有关技术能力的国家、及拥有这种技术能力的国际组织，均应在可能的情况下，根据受影响国家的要求，提供必要的协助。

在根据上述（a）、（b）分段提供协助时，应考虑发展中国家的特别需要。

原则 8. 责任

按照关于各国探索和利用外层空间包括月球与其他天体活动所应遵守原则的

条约第六条，各国应为本国在外层空间涉及使用核动力源的活动承担国际责任，而不论这些活动是由政府机构或非政府实体进行，并应承担国际责任，保证本国所进行的此类活动符合该条约和这些原则中的建议。如果涉及使用核动力源的外层空间活动是由一个国际组织进行，则应由该国际组织和参加该组织的国家承担遵守上述条约和这些原则中所载建议的责任。

原则 9. 赔偿责任和赔偿

1. 按照关于各国探索和利用外层空间包括月球与其他天体活动所应遵守原则的条约第七条和空间物体所造成损害的国际责任公约 3 的各项规定，发射或请人代国发射空间物体的每一国家，以及从其领土或设施发射空间物体的每一国家对此种空间物体或其构成部分所造成的损害应承担国际赔偿责任。这完全适用于此种空间物体载有核动力源的情况。两个或两个以上国家共同发射空间物体时，各发射国应按照上述公约第五条对任何损害共同及单独承担责任。

2. 此类国家按照上述公约所应承担的损害赔偿，应按照国际法和公平合理的原则确定，以便提供的损害赔偿使以其名义提出索赔的自然人或法人、国家或国际组织能够恢复至损害发生前的状态。

3. 为了本原则的目的，所作的赔偿应包括偿还有适足依据的搜索、回收和清理工作的费用，其中包括第三方提供援助的费用。

原则 10. 解决争端

由于执行这些原则所引起任何争端将按照联合国宪章的规定，通过谈判或其他既有的和平解决争端程序来解决。

原则 11. 审查和修订

这些原则应由和平利用外层空间委员会审查和修订，时间不应迟于原则通过后二年。

A. 7　《美国空间资源勘探和利用法案》（2015 年）

注意，该法案为 2015 年美国《空间法案》的第 4 章

美国第 114 届国会通过。

在第一届会议上

地点：华盛顿市

时间：2015 月 6 日（星期二）。

该法案旨在通过鼓励私营企业投资和打造更加稳定、可预测的监管条件，以及其他渠道，来为航天工业商业化的发展创造出更有利增长的条件。

该法案由美国国会和参议院共同制定，原文如下。

四、空间资源的开发和利用

4.1　短标题

本标题可又称为《2015 年空间资源勘探和利用法案》。

4.2　第 51 章修正案

（a）通常情况下，对小标题五作了修正，在末尾增加了以下内容。

第 513 章　空间资源的商业探索和利用

SEC

51301. 定义

51302. 商业勘探和商业回收

51303. 小行星资源和空间资源权利

51301. 定义

在这一章中有如下定义。

（1）小行星资源。"小行星资源"是指在单个小行星上或其内发现的空间资源。

（2）空间资源。

（A）正常情况下，"空间资源"一词是指外层空间存在的非生物资源。

（B）此外，"空间资源"一词包括水和矿物。

（3）美国公民。"美国公民"一词的含义与第50902条中"美国公民"法案中所提及词的含义相同。

51302. **商业勘探和商业回收**

（A）通常情况下，总统应通过相应的联邦机构采取适当的行动。

（1）促进美国公民对空间资源的商业探索和商业回收。

（2）防止政府在美国以符合美国的国际义务的条件下发展经济上可行、安全和稳定的工业，而不是对这些工业进行空间资源的商业勘探和商业回收方面相关项目时设置障碍。

（3）根据美国的国际义务，并在联邦政府的授权和持续监督下，促进美国公民在不受有害干扰的情况下从事空间资源商业探索和商业回收的权利。

（B）报告，在此法案颁布之日起的180天内，总统应向国会提交一份关于美国公民对空间资源的商业探索和商业回收的报告，该报告应提出以下具体说明。

（1）履行美国国际义务所需的要求，包括联邦政府的授权和持续监督。

（2）关于第（1）款所描述的活动中所提及的联邦机构职责分配的建议。

51302. **小行星资源和空间资源的权利**

从事小行星资源或空间资源商业回收的美国公民分会应有权根据法律（包括美国的国际义务）获得的小行星资源或空间资源，其中就包括占有、持有、运输、使用和出售的权利。

（B）表章，第51章的章节表作了修改，在副标题5后面增加了以下内容："513. 空间资源的商业探索和利用 …………………………… 0.51301"

4.3　放弃域外主权

美国国会认为：通过制定该法案，美国并不因此主张对任何天体的宣誓主权、所属权、管辖权以及所有权。

发言人：众议院议长

美国副总统兼参议院议长

■ A. 8 《美国 Artemis 协定》（2020 年）

在月球、火星、彗星和小行星的民用探索和使用方面的合作原则为了和平目的

这些协定的签署国，认识到它们在为和平目的探索和利用外层空间方面的共同利益，并认识到现有双边空间合作协定的持续重要性。

注意到在和平利用外层空间方面开展合作将为全人类带来的利益。

在探索的新时代，在具有历史意义的"阿波罗"11 号登月 50 多年后和在国际空间站上建立持续的人类存在 20 多年后继续使用。

人类在太空旅程的下一步激发了今后代探索月球、火星和其他地方的共同精神和雄心。

"阿耳忒弥斯"计划将利用"阿波罗"计划的遗产，使全人类受益，并将使第一位妇女和下一位男子登上月球表面，并与国际和商业伙伴，建立可持续的人类太阳系探索。

考虑到有必要加强既有和新兴空间行为者之间的协调与合作。

认识到空间探索和商业的全球利益。

承认保护外层空间遗产的集体利益。

回顾遵守 1967 年 1 月 27 日开放供签署的《关于各国探索和利用包括月球和其他天体在内的外层空间活动的原则条约》（《外层空间条约》）以及 1968 年 4 月 22 日开放供签署的《营救宇航员、送回宇航员和归还射入外层空间物体的协定》（《营救和归还协定》）、1972 年 3 月 29 日开放供签署的《空间物体所造成损害的国际责任公约》（《责任公约》）的重要性"，和 1975 年 1 月 14 日开放供签署的《关于登记射入外层空间物体的公约》（《登记公约》）；以及通过联合国和平利用外层空间委员会等多边论坛进行协调的好处，以进一步努力就空间探索和利用方面的关键问题达成全球共识；还有希望执行《外层空间条约》和其他有关国际法律的规定，从而就今后探索和利用外层空间的互利做法达成政治谅解，重点是为支持阿尔忒弥斯方案而开展的活动。

遵守以下原则。

第1节　目的和范围

《美国 Artemis 协定》的目的是通过一套切实可行的原则、准则和最佳做法，确立共同愿景，以加强对外层空间的民用探索和利用的治理，目的是推进阿尔忒弥斯方案。在开展外层空间活动时遵守一套切实可行的原则、准则和最佳做法，目的是提高行动的安全性，减少不确定性，并促进为全人类可持续和有益地利用空间。《美国 Artemis 协定》是对本文件所述原则的政治承诺，其中许多原则规定了《外层空间条约》和其他文体所载重要义务的实际执行。

这些协定规定的原则旨在适用于每个签署国的民用空间机构进行的民用空间活动。这些活动可能发生在月球、火星、彗星和小行星上，包括其表面和次表面，以及在月球或火星的轨道上，在地球 – 月球系统的拉格朗日点上，并在这些天体和地点之间过境。签署国应当通过自己的活动执行这些协定所载的原则，酌情采取特派团规划和与代表它们行事的实体签订合同的机制等措施。

第2节　实施

探索和利用外层空间方面的合作活动可以通过适当的文书来执行，如谅解备忘录、现行政府间协定下的执行安排、机构间安排或其他文书。这些文书应提及这些协定，并列入执行这些协定所载原则的适当规定。

（a）在本节所述文书中，签署国或其下属机构应说明民间合作活动的性质、范围和目标。

（b）上述签署方的双边文书预计将载有开展这种合作所需的其他规定，包括与责任、知识产权以及货物和技术数据转让有关的规定。

（c）所有合作活动应按照适用于每个签署方的法律义务进行。

（d）每个签署国承诺采取适当步骤，确保代表其行事的实体遵守这些协定的原则。

第3节　和平目的

签署国申明，根据这些协定开展的合作活动应完全用于和平目的，并符合相关国际法。

第4节　透明度

各签署国承诺按照其国家规则和条例，在广泛传播有关其国家空间政策和空间探索计划的信息方面保持透明度。

签署国计划本着诚意并根据《外层空间条约》第十一条，与公众和国际科学界分享其根据这些协定开展的活动所产生的科学信息。

第 5 节　互操作性

签署国认识到，开发可互操作和共同的勘探基础设施和标准，包括但不限于燃料储存和交付系统、着陆结构、通信系统和电力系统，将加强天基勘探、科学发现和商业利用。签署国承诺做出合理努力，利用天基基础设施的现行互操作性标准，在现行标准不存在或不足时制定此类标准，并遵循此类标准。

第 6 节　紧急援助

签署国承诺做出一切合理努力，向处于困境的外层空间人员提供必要的援助，并确认它们根据《营救和归还协定》承担的义务。

第 7 节　空间物体的登记

对于根据这些协定开展的合作活动，签署国承诺确定其中哪一个应根据《登记公约》登记任何相关空间物体。对于涉及《登记公约》非缔约国的活动，签署国打算与该非缔约方合作，以确定适当的登记手段。

第 8 节　科学数据的发布

1. 签署国保留就其活动向公众传达和发布信息的权利。签署国应当事先就公开发布与其他签署国根据这些协定开展的活动有关的信息进行协调，以便为任何专有和（或）出口管制的信息提供适当保护。

2. 签署国致力于公开分享科学数据。签署国计划酌情及时向公众和国际科学界提供根据这些协定开展的合作活动所取得的科学成果。

3. 公开分享科学数据的承诺不打算适用于私营部门的业务，除非这种业务是代表《美国 Artemis 协定》签署国进行的。

第 9 节　保护外层空间遗产

1. 签署国打算保护外层空间遗产，它们认为这些遗产包括具有历史意义的人类或机器人着陆点、文物、航天器以及根据共同制定的标准和做法在天体上活动的其他证据。

2. 签署国应当利用其在《月球协定》下的经验，为进一步发展适用于保护外层空间遗产的国际做法和规则的多边努力做出贡献。

第 10 节　空间资源

1. 签署国指出，利用空间资源可为安全和可持续的行动提供关键支持，从而造福人类。

2. 签署国强调，空间资源的提取和利用，包括从月球、火星、彗星或小行星的表面或地下进行的任何回收，都应以符合《外层空间条约》的方式进行，并支持安全和可持续的空间活动。签署国申明，空间资源的开采本身并不构成《外层空间条约》第二条规定的国家拨款，与空间资源有关的合同和其他法律文书应符合该条约。

3. 签署国承诺根据《外层空间条约》向联合国秘书长以及公众和国际科学界通报其空间资源开采活动。

4. 签署国应当利用其在《月球协定》下的经验，促进多边努力，进一步发展适用于空间资源开采和利用的国际做法和规则，包括通过外空委的持续努力。

第 11 节　取消空间活动

1. 签署国承认并重申对《外层空间条约》的承诺，包括有关适当考虑和有害干扰的条款。

2. 签署国申明，在探索和利用外层空间时，应适当考虑到联合国和平利用外层空间委员会 2019 年通过的《联合国外层空间活动长期可持续性准则》，并做出适当修改，以反映出低地轨道以外活动的性质。

3. 根据《外层空间条约》第九条，授权根据本协定开展活动的签署国承诺尊重适当考虑的原则。这些协定的签署国如有理由认为它可能受到或已经受到有害干扰，可要求与批准该活动的《外层空间条约》的签署国或任何其他缔约国进行磋商。

4. 签署国承诺，在根据这些协定开展的活动中，避免采取任何可能对彼此利用外层空间造成有害干扰的有意行动。

5. 如果签署国有理由认为其他签署方的活动可能对其天基活动造成有害干

扰或对其构成安全危害，则签署国承诺根据这些协定相互提供关于天基活动的地点和性质的必要信息。

6. 签署国应当利用它们根据《月球协定》所取得的经验，促进多边努力，进一步发展适用于界定和确定安全区和有害干扰的国际做法、标准和规则。

7. 为履行《外层空间条约》规定的义务，签署国打算通报其活动，并承诺与任何相关行为者协调，以避免有害干扰。为了避免有害干扰，将执行此通知和协调的区域称为"安全区"。安全区应是有关活动或异常事件的名义操作可能合理地造成有害干扰的区域。签署方打算遵守与安全区有关的下列原则：

（a）安全区的规模和范围以及通知和协调应反映正在进行的行动的性质和进行这种行动的环境。

（b）应合理确定安全区的大小和范围，利用公认的科学和工程原则。

（c）随着时间的推移，安全区的性质和存在预计会发生变化，反映相关作业的状况。如果操作性质发生变化，操作签字人应酌情改变相应安全区域的大小和范围。安全区最终将是临时的，在相关行动停止时结束。

（d）签署国应根据《外层空间条约》第十一条，迅速通知对方以及联合国秘书长任何安全区的建立、改变或结束。

8. 维护安全区的签署国承诺，应要求向任何签署国提供该安全区的依据，以符合适用于每个签署国的国家规则和条例。

9. 建立、维护或结束安全区的签署国应以保护公共和私人人员、设备和作业不受有害干扰的方式这样做。签署国应酌情尽快向公众提供关于这些安全区的相关信息，包括在安全区内开展的活动的范围和一般性质，同时考虑到对专有和出口管制信息的适当保护。

10. 签署国承诺尊重合理的安全区，以避免有害干扰根据这些协定开展的行动，包括在根据这些协定建立的安全区开展行动之前，事先通知对方并相互协调。

11. 签署国承诺使用安全区，预计安全区将根据具体活动的状况而改变、演变或结束，以鼓励科学发现和技术示范以及安全和高效地提取和利用空间资源以支持可持续空间探索和其他行动。签署国承诺在使用安全区时尊重自由进入所有天体区域的原则和《外层空间条约》的所有其他规定。签署国还承诺根据彼此和国际社会的经验和协商，逐步调整安全区的使用。

第 12 节　轨道碎片

1. 各签署国承诺为减少轨道碎片作出计划，包括酌情在其任务结束时对航天器进行安全、及时和有效的钝化和处置，作为其任务规划进程的一部分。就合作特派团而言，此类计划应明确包括哪些签署方对特派团结束规划和执行负有主要责任。

2. 签署国承诺在可行的范围内，限制通过正常作业、作业中或任务结束后释放的新的长期有害碎片的产生阶段、事故和会合，采取适当措施，如选择安全飞行剖面和操作配置以及任务后空间结构的处置。

第 13 节　最后规定

1. 在现有安排中的任何协商机制的基础上，签署国承诺定期进行协商，审查这些协定中各项原则的执行情况，并就未来合作的潜在领域交换意见。

2. 美利坚合众国政府将保留这些协定的原文，并向联合国秘书长转递这些协定的副本，因为根据《联合国宪章》第一百零二条，这些协定没有资格登记，以便作为联合国正式文件分发给联合国所有会员国。

3. 在 2020 年 10 月 13 日之后，任何国家如欲成为这些协定的签署国，可向美国政府提交其签署，以补充该法案。

于 2020 年 10 月 13 日以英语通过。

■ A.9　《国际月球村最佳实践》（2020 年）

可持续月球活动的最佳实践

月球村协会（MVA）的成立是为了促进"月球村"概念的实施——政府和非政府行动者在月球探索、利用和解决方面进行和平国际合作的愿景。

MVA 已经起草了可持续月球活动的最佳实践（最佳实践），并为未来的月球任务定义了共同水平的竞争环境。这一点很重要，因为未来几年将看到越来越多的利益相关者，包括公共机构和私人前往月球，增加事件发生的可能性。最佳的做法旨在减少这种风险、建立信心和增加和平合作。

最佳实践不是具有法律约束力的规则，而是由所有空间行动者共同制定的一套不断发展的自愿标准。这一倡议并不是取代其他多边倡议，如 COPUOS 法律小组委员会议程上计划的空间资源一般性意见交换。最佳实践的发展旨在与其他倡议同时进行，作为建设性多边讨论的补充论坛。

MVA 于 2020 年 3 月 4 日发布了最佳实践方案，并开放了为期 6 个月的公众咨询期。所有的利益相关者，包括政府机构、工业界、学术界和普通公众成员，都被邀请提交他们的意见。MVA 还在咨询期间举办了一系列的网络研讨会，以提高人们对该实践的认识，并为公众讨论提供一个论坛。在公众咨询期结束后，根据收到的并在此提出的意见进行了修订。关于最佳实践发展的评论将于 2021 年发表。

1　所实现的目标

（1）可持续月球活动的最佳实践（最佳实践）旨在促进"月球村"月球沉降概念的实施，这是月球探索和定居方面全球和平合作的愿景。

（2）最佳实践适用于所有实体，无论是政府的或非政府的（空间行动者），进行或打算在月球或近月空间上进行活动（月球活动）。

（3）最佳实践不具有法律约束力，但目的是为所有国家和人类利益的月球活动长期可持续性的自愿行为标准。

（4）最佳实践旨在与技术和经济发展的同步而逐步发展。

2　国际法

鼓励空间行动者根据适用的国际法进行月球活动，包括但不限于《关于各国探索和利用包括月球和其他天体在内的外层空间活动的原则条约》。

3　共享的好处

鼓励空间行动者进行月球活动时，应考虑到其他空间行动者的利益，不论它们的经济或科学发展程度如何以及一般人类有利。应特别注意发展中国家和有初期空间方案的国家的需要。

鼓励参与月球活动的空间行动者提供利益分享，如通过促进和促进以下工作：

（1）空间科学技术的发展及其应用；

（2）在教育和培训方面的合作；

（3）获取和交换信息；

（4）互操作性；

（5）合作企业。

应按照所有有关各方双方同意的条款无条件歧视地提供福利。

4　监管治理

我们鼓励国际空间行动者社会逐步发展一种治理制度，通过政府和私营实体的合作，促进建立和扩大月球活动。默认情况下，现有的国际法将作为最初的治理制度，包括但不限于以下原则：

（1）月球应该专门用于和平的目的。

（2）月球应该被所有太空行动者自由探索和使用，他们应该享有自由进入所有区域和科学研究的自由。

（3）所有的空间行动者都应以合作和互助的原则为指导，并应在适当考虑到所有其他空间行动者的相应利益的情况下进行其所有的月球活动。

（4）在发生遇险时，所有空间行动者都应协助营救其他空间行动者，恢复空间物体，并将这些行动者和物体归还给其发射当局。营救宇航员，宇航员返回和发射到外层太空的物体返回。

（5）应避免对其他空间参与者的月球活动的所有有害干扰。如果空间行动者有理由相信计划的月球活动可能对其他空间行动者的月球活动造成有害干扰，则在进行此类活动之前应进行适当的协商。

（6）各国应对其国民的月球活动承担国际责任，并应按照《对空间物体造成的损害的国际责任公约》的规定，对其空间物体造成的损害承担赔偿责任。

（7）所有的月球活动都应得到适当国家的授权和持续监督，以确保遵守国际法。

5　避免造成的伤害

（1）鼓励空间行动者尽可能采取措施。

（2）避免对月球环境或近月空间造成不利变化，包括违反行星保护政策对月球的有害污染。

（3）减轻月球轨道碎片的产生。

（4）避免对现有或计划中的月球活动造成有害干扰。

（5）避免对具有重大科学或历史意义的国际认可的地点造成不利变化。

6　长期的可持续性

鼓励空间行动者按照联合国《外层空间活动的长期可持续性准则》进行月球活动，并促进技术的发展，以促进月球活动的长期可持续性。由于认识到能力建设是长期可持续性的一个关键组成部分，我们鼓励空间行动者促进能力建设项目，特别是那些涉及青年和妇女的项目。

7　私人从事的活动

鼓励空间行动者促进私人月球活动的发展，包括纯粹的商业活动，如空间旅游和资源提取，以及非商业性私人活动，如进行的私人定居点或科学实验。由私人实体提供的服务。为了支持商业部门的发展，鼓励政府行动者通过公私合作伙伴关系或其他方法，尽可能与私营实体进行合作。

8　空间资源

鼓励空间行动者按照《外层空间条约》第二条进行所有空间资源提取和利用活动，并了解到空间资源活动本身并不构成对天体的国家拨款。空间行动者还应支持制定硬法律和软法律，为参与空间资源活动的行动者提供有关安全标准、优先权利和不干涉等问题的指导和法律确定性。随着时间的推移，创建一个过程来限制在地点和持续时间方面的空间资源活动，以确保公平和负责任地使用有限的资源，这可能是有益的。

9　月球活动的登记

鼓励空间行动者根据《关于登记射入外层空间的物体的公约》登记所有参与月球活动的空间物体。通过提供关于空间物体在月球或外层空间上的一般位置、所涉及的活动的性质和空间物体活动的持续时间的更新信息，将大大增强空间行动者适当考虑和避免有害干扰的能力，应及时考虑设立一个关于月球活动的专门登记处。

10　共享信息

鼓励空间行动者分享信息，以促进政府机构、私营实体和一般公众在扩大月球活动方面的国际合作。

为促进信息共享，应考虑建立一个国际公开提供的数据库，以便公开下列信息：

（1）从月球活动中获得的科学信息；

（2）关于月球活动的最佳实践。

这些信息应在可行的范围内予以共享，但应受到法律限制，如出口管制、保护知识产权和其他专有信息，以及国家安全。

11　其他的计划

鼓励空间行动者支持制定硬法律和软法律，以便利地促进月球活动的建立和扩大，包括但不限于有关互操作性、工程标准、安全实践、金融和环境保护的倡议。

12　争议的解决方案

鼓励空间行动者通过与受影响各方协商解决争端，必要时通过调解或仲裁来解决争端。还鼓励各国促进执行《承认和执行外国仲裁裁决公约》下的仲裁协议和仲裁裁决。

13　最佳实践的实施和进一步发展

鼓励空间行动者尽可能促进在执行这些最佳做法以及对其进行审查和进一步发展方面的合作。

Amor orbit：不与地球轨道交会的近地天体轨道，其位置始终在地球轨道之外，0.03AU 以内。

Apollo orbit：每年与地球轨道交会两次的近地天体轨道，其轨道尺寸大于地球轨道。

Assistance Convention：于 1987 年 2 月 26 日通过的《核事故或辐射紧急情况援助公约》。

Aten orbit：每年两次穿过地球轨道的近地天体轨道，其轨道尺寸小于地球轨道。

CATALYST：在 NASA 的空间法案协议下。美国将挑选 1~2 家私营公司制造勘测机器人，寻找在具有可靠的和成本效益的商业化机器人月球着陆器开发能力的合作伙伴，其首字母缩略词代表月球货物运输和软着陆方式降落计划。

COPUOS：联合国和平利用外层空间委员会，简称职合国外空委。

DSI：深空工业公司。

EPOXI：包括两个方面，即深度撞击延展调查和太阳系外行星的观测和表征。深度撞击探测器在飞行阶段将对哈雷彗星进行深度撞击测试以及太阳系外行星观测和表征任务。该航天器也用作测试平台，在距离地球 2000 万公里的距离进行容错网络传输。

HST：哈勃太空望远镜

IAASS：国际促进空间安全协会。总部设在荷兰的诺维克，靠近欧洲航天技术中心。

IEO：内地球轨道内的近地天体轨道。不与地球轨道交会，而且始终在地球轨道内（在 0.03AU 内）的近地天体轨道。

ITU：国际电信联盟。

James Webb Space Telescope：旨在取代哈勃太空望远镜的新型高性能望远镜，为 NASA 和 ESA 的一个联合项目，计划于 2021 年发射。

LADEE：NASA 月球大气和尘埃环境探索者（LADEE）任务。

LCROSS：月球环形山观测和传感卫星（LCROSS）任务。

Liability Convention：在联合国大会第 2777（XXVI）决议中通过的《空间物体造成损害的国际责任公约》，此公约于 1972 年 3 月 29 日开放签署，并于 1972 年 9 月 1 日生效。

LP：NASA 月球探勘者任务。

LRO：NASA 月球勘测轨道飞行器（LRO）任务。

LTSSA：由联合国和平利用外层空间委员会开展的太空长期可持续性项目。

MAVEN：在 2013 年 11 月，由 NASA 发布的探索火星大气挥发任务，其主要目的是探索火星的高层大气、电离层以及与太阳和太阳风的相互作用。

MER：NASA 火星探索计划。

MERLIN：首字母为月球快递创新实验室缩写，此太空探索公司总部位于美国加利福尼亚州。

Moon Agreement（Treaty）：由联合国大会第 34.68 号决议通过的《关于各国在月球和其他天体上活动的协定》，该协定在 1979 年 12 月 18 日签署，并且于 1984 年 7 月 11 日生效。

Moon Express：由一家私人的美国商业航天公司提出，旨在开发月球资源，"向月球发射一系列机器人航天器来对月球进行持续的探索和商业开发"：http://www.moonexpress.com/#missions。

MSL：NASA 火星科学实验室航天器的首字母缩写。其中包括在 2011 年 11 月 26 日发射的"好奇"号火星探测器，并于 2012 年 8 月 6 日成功着陆。"好奇"号的任务是调查"火星的生存条件是否有利于微生物生活，以及调查岩石中是否存在有过生物生存痕迹的线索。"

NEA：近地小行星。

Near Earth Orbit Object Survey Act：NASA 于 2005 年授权的法案中的第 321 节（公法第 109 - 155 号），同时也称为小乔治·布朗近地天体测量法案。

NEO：近地天体轨道。

NEOCAM：近地轨道照相机。由 NASA 研制，目的是协助确定近地天体的位置和轨道。

NEOWISE：近地轨道宽视场红外测量探测器。

New Horizons：美国新地平线探测皿，主要目的是开展冥王星和柯伊伯带探测任务。

Notification Convention：指于 1986 年 10 月 27 日通过的《及早通报核事故公约》。

OSIRIS - REx：于 2016 年底开始的光谱起源解释识别安全——风化层探索者（OSIRIS - REx）任务。"欧西里斯 - 雷克斯"宇宙飞船将"飞往一颗名为 Bennu 近地小行星（原 1999 RQ36）。其目的是带回至少 2.1 OZ 的样本到地球进行研究。"

Outer Space Treaty（OST）：在联合国大会第 2222（XXI）号决议通过的《关于各国探索和利用包括月球和其他天体在内的外层空间活动的原则条约》，此条约于 1967 年 1 月 27 日签署，并于 1967 年 10 月 10 日生效。

PHA：有潜在危险的小行星。

PRA：行星资源。

Registration Convention：联合国大会在其第 3235（XXIX）号决议中通过的《关于登记射入外层空间物体公约》，此条约于 1975 年 1 月 14 日签署，并于 1976 年 9 月 15 日生效。

Rescue and Return Agreement：联合国大会第 2345（XXII）号决议通过的《关于营救宇航员、送回宇航员和归还发射到外层空间的物体的协议》（《营救协议》），此协议于 1968 年 4 月 22 日签署，并于 1968 年 12 月 3 日生效。

ROSETTA：欧洲航天局的一项任务：发射"菲莱"着陆器在彗星着陆。

SSA：NASA 太空法案协议，同样包括空间态势感知。

Stardust：NASA 的第一个任务，于 1999 年发射，目的是获取 Comet Wild – 2 的样本。

Stardust NeXT："星尘"号的拓展任务，也称为"星尘"号——坦普尔的新探索。其目的是为了在 2011 年完成对"坦普尔"1 号彗星的近距离飞行。

SWAS：亚毫米波天文卫星。

U. N. ：联合国，也称为联合国组织。

WISE：宽视场红外测量探测器，见 NEOWISE。

WFS：世界未来协会。

后 记

　　《太空采矿及其监管规则》这本书的作者是加拿大的拉姆·S. 雅各布（Ram S Jakhu）博士、美国的约瑟夫·N. 佩尔顿（Joseph N Pelton）博士，以及加拿大的亚乌·奥图·曼加塔·尼亚曼庞格（Yaw O M Nyampong）博士。这本由美国和加拿大两国空间法领域的知名专家共同执笔的著作，清晰地表达出当前西方国家在空间自然资源开发利用领域强烈呼吁修订国际外层空间法律体系的愿望，以及为达到这个目的而采取的实际行动。本书的优点是以简明扼要、生动有趣的叙事手法，概况性地介绍了：①当前在太空采矿领域关键技术的研究进展状况；②美、俄、欧、亚等世界各国在空间资源探测和开发利用领域作出的贡献；③当前美、欧等国在太空采矿领域新兴的私营航天企业现状；④国际外层空间法律体系对于空间资源开发利用的有关规定；⑤美国、卢森堡等国在国内立法方面的突破性进展；⑥积极推动开展空间自然资源开发利用领域国际法律体系修订的必要性和重要性。可以说，读者想了解掌握 2017 年之前世界主要航天国家在太空采矿及监管规则方面的进展情况，看看这本书就基本够用了。在原书的前言中，原作者们把这本书设计为"一站式购物指南"，并称其为"稀缺资源"，这也是中国空间技术研究院神舟学院的师生们共同翻译这本书的原因，因为可以方便中国的读者们快速掌握太空采矿领域的基本情况。

　　中国有句古话叫作："学而思，思后行。"作为中国的读者，只是简单地去学习和掌握太空采矿领域的国内外发展状况还远远不够，我们还需以"独立、批判的科学精神"，结合中国的国情，带着问题进行深入思考，为维护好中国人的权益，制订后续应对措施贡献智慧。通过对本书的翻译和学习，我们体会，可以带着如下问题进行阅读和深入思考：

（一）当前构成国际社会外层空间法体系的五项重要条约是否急需修订？世界主要航天大国至今都未同意加入《月球协定》的深层原因是什么？

外层空间法是调整世界航天国家开展空间探测和利用等外层空间活动的国际法原则和规则的总和。空间法所调整的主要是国家间的关系，包括国家与国际组织的关系，规定的是国家的权利和义务。其作用主要是通过制订共同遵守的原则和规则，规范各国的空间活动，调整各国在开展空间探测和利用外层空间活动中的权利义务关系，并通过各国政府规范和调整非政府实体和个人的空间活动，建立公正合理、有章可循的空间法律秩序，因此联合国十分重视进行外层空间活动的立法工作。

当前外层空间法体系包含五个重要的条约：1967 年《外空条约》、1968 年《营救协定》、1972 年《责任公约》、1975 年《登记公约》和 1979 年《月球协定》。这些条约不仅确立了人类外空活动的基本原则，还就一些具体问题进行了规定，例如外空物体导致损害的赔偿责任问题、外空物体的登记问题等。在这五个基本条约中，与空间资源开发利用密切相关的主要是《外空条约》和《月球协定》。但是，由于不同国家存在不同的利益出发点，随着以月球、小行星为代表的太空采矿活动实施的可能性越来越高，这些外空基本法也面临着现实的问题和挑战。

《外空条约》相关条款主要是确定外层空间法的基本原则和大致框架，对于月球和其他天体的开发、利用只进行了原则性的规定。因此，《外空条约》的大部分规则，特别是前四条规定的原则：①全人类共同利益原则；②自由探索和利用原则；③不得据为己有原则；④为和平目的使用月球和其他天体的原则，已经成为国际习惯法规范，对于外层空间及月球上的勘探、开发和利用活动有着指导性、约束性意义。总体而言，《外空条约》是一个成功的原则性文件，其原则性使得它容易获得更多国家的认同和参加。截止 2019 年 1 月 1 日，世界上约有 109 个国家批准了该条约，包括几乎所有的航天国家，中国于 1983 年加入该公约。但众所周知，条约的原则性强的同时会导致实施性不强，中国和一些国家曾提议制定一项全面的综合性的《外空公约》，但难度很大。

《月球协定》规定了六项基本原则：①月球非军事化原则；②国际合作与互助原则；③科学研究和探索自由原则；④保护月球环境原则；⑤人类共同继承财产和国际开发制度；⑥协商制度和和平解决国际争端原则。《月球协定》相关条款对月球的法律地位和开发、利用的规定更为细致和深入，它规定了《外空条约》所没有规定的法律制度、赋予了缔约国更多的权利，用于鼓励缔约国公平探索、开发和利用自然资源，也最早涉及了月球自然资源开发与商业活动。然而由于月球的开发利用目前还不具备工程可实施性，因此月球协定的规定也是比较原则性的。即便如此《月球协定》的相关缔约国仅有澳大利亚、奥地利、荷兰和菲律宾等 18 个国家签约，此外法国、危地马拉、印度和罗马尼亚 4 国签署了协定，但并未批准。而世界主要航天国家如美国、俄罗斯、中国等至今都不是签约国，致使其缺乏广泛的法律约束力。

当前由于第二次月球探测活动高潮的兴起，国际社会对《月球协定》的讨论也再次兴起。与其他国际条约一样，当年《月球协定》的出台，应该是国际社会三大阵营妥协的结果，即苏联/俄罗斯、美国和许多发展中国家。我们理解之所以主要航天国家都未签署的原因，应该是这种妥协并未使所有国家的"利益平衡"得以实现，因而广存争议。那么当前存在的现实问题，是该重新起草制定一部新的关于空间资源开发使用的法律，还是该在《月球协定》的基础上进行修订呢？

（二）美国 2015 年通过的《外空资源探索与利用法》，卢森堡 2017 年通过的《太空资源探索与使用法律草案》，这种"国内立法倒逼国际社会"的做法，将对未来的国际外空法体系产生什么样的影响？

2015 年 11 月 25 日，美国总统签署了《外空商业发射竞争法》，包括激励私人航天竞争及创业、商业遥感、空间商业办公室以及外空资源探索和利用四个部分。根据该法的规定，第四部分可被引述为《2015 外空资源探索与利用法》。主要包括①定义；②商业探索和商业获取；③小行星资源和外空资源权利等内容，这部法案的核心就是第三部分，也是争议最大的部分。该法规定了关于小行星资源和外空资源的系列权利："参与小行星资源或外空资源商业获取的美国公民，根据可适用的法律，包括美国的国际义务，对所获得的任何小行星资源或外空资源享有权利，包括占有、拥有、运输、使用和出售小行星资源或外空资源。"这实际上就是赋予了私人实体开采外空资源的所有权。因此国际社会对该法案是否违反了《外空条约》中"不得据为已有"的基本原则，引起了广泛的争议。

在本书中作者们指出：是否违反将取决于美国政府通过其国家监管体系为实施该法案所采取的立法和监管步骤。该法案要求美国政府遵守其国际义务，因为美国是该条约的缔约国，因此在逻辑上应包括《外空条约》第一条、第二条和第九条规定的义务。如果立法机关授权美国私人公司享有空间自然资源的专有产权，而没有适当考虑《外空条约》的这些和其他适用规定，则美国的行为可能被视为违反了其国际义务。

美国在国内立法同意太空采矿的行为，很快产生了外溢效果。2017年6月卢森堡通过了《太空资源探索与使用法律草案》，确保私人营运商对其在太空开采的资源拥有权利。该法案自2017年8月1日起生效，其第一条条款即规定了太空资源可以被私人所有，该法案还确立了太空探索计划的授权和监管流程。

美国和卢森堡的这种"国际条约未出而国内法先行"的先例，是否会引起更多国家的效仿，从而"倒逼"国际社会接受这些国家国内法的规则和解释方法，成为迫在眉睫的问题。国际社会需要在"外空资源开采后的所有权"问题上制订出共同接受的国际规则。2017年联合国外空委法律小组第56届会议上，决定新增一项"关于空间资源探索、开发和利用活动潜在法律模式的一般性意见交流"的会议议题。该议题的努力方向恰好与海牙外空资源治理工作组（以下简称"海牙工作组"）的工作目标相一致，均是为外空资源开发活动的国际法律规则确定性而努力，海牙工作组最终对外公布了《关于外空资源活动国际框架文本草案》（以下简称《草案》）。

2020年4月，美国总统特朗普签署《关于鼓励国际社会支持空间资源回收和利用的行政命令》，规定美国公民有权在符合适用法律的情况下从事外层空间资源的商业勘探、回收和利用，并提出外层空间不是全球公域，驳斥《月球协定》中的相关原则。此外，美国正在积极推动将国内法转变为国际法，2020年美国出台了《Artemis协定》，目前全球已有13个国家加入了该协定。在该协定中明确提出了以下 10 条原则：①和平发展；②公开透明；③互操作性；④紧急援助；⑤空间物体的登记；⑥科学数据的发布；⑦保护遗产；⑧太空资源；⑨避免活动的相互冲突；⑩轨道碎片和航天器处置。其中争议性较大的就是设立"安全区"和开展"月球遗址保护"。

关于设立"安全区"，海牙工作组的《草案》中的表述是，顾及《外空条约》第二条规定的不得据为己有原则，国际框架应允许为外空资源活动负责的国家和国际组织围绕确定的外空资源活动区域，建立安全区或采取其他带有区域性的安全措施，以上举措对于确保安全并避免对该外空资源活动产生有害干扰应是必要的。但是相比《Artemis 协定》，《草案》更注重均衡对后来者（非设立安全区一方）利益的保护，"这类安全措施不应妨碍国际法赋予其他运营者的人员、运器和设备自由进入外空任何区域的权利之行使"。但美国的《Artemis 协定》中没有均衡后来者利益的相关描述，这可能表示美国及其缔约国将默认采取"先到先得"的原则划分"安全区"，建立永久性月球基地。从美国的立法行为及进程来看，它的太空治理思路似乎是国内立法→广拉盟友→倒逼国际社会→制定新的国际外空法体系。

我们理解这种做法的实质，是想将某国的意志强加给国际社会上的其他国家，因此需要高度关注并提前预判，类似这样的做法，将对未来的国际外空法体系产生什么样的影响？

（三）由国际非政府组织及学术团体制定及宣布的"最佳实践"、"技术指南"等"软法"，将对未来世界各国的太空采矿活动产生什么样的影响？

在这本书出版后的近五年里，与太空采矿相关的科学和技术得到了显著发展，同时在卢森堡登记注册的太空采矿私人商业公司越来越多，卢森堡航天局也连续几年举办"空间资源周"活动，广泛邀请来自世界各国的政府部门、工业界、法律界及商业界的代表参加研讨，针对太空采矿涉及的科学与技术、产品与工程、政策与法律、商业与经济等方面分组开展了研讨，太空采矿活动似乎正变得"垂手可得"。

与此同时，国际社会上相继涌现出了很多非政府组织开展的论坛和对话活动，例如由亚利桑那州立大学、月球开放基金会、世界安全基金会等共同发起的月球对话（Moon Dialogs）论坛，国际月球村的全球专家组（MVA/GEGSLA）等，广泛开展了关于空间资源开发利用的法律和政策的讨论，制定"最佳实践"及"技术指南"等"软法"。

月球对话论坛分为三个主题：①可达的月球（ACCESSIBLE MOON）；②和平的月球（PEACEFUL MOON）；③可持续发展的月球（SUSTAINABLE MOON）。从 2019 年 10 月开始，论坛组织公开研讨的专题内容覆盖了：月球活动监管制度、月球活动登记制度、设立月球安全区、月球基地建设中的国际合作、月球基地起飞及着陆平台、月球表面基础设施、月球资源及法律制约等内容，并发布了各个专题的总结报告。

国际月球村的全球专家组（MVA/GEGSLA）组织活动于 2020 年发布了"最佳实践"报告，详见附件 A.9。从 2021 年 2 月正式组建全球专家组，至今已经召集了 10 次全体正式委员参加的会议，并分为月球活动信息共享、月面安全操作与环境保护（包括安全区、月球遗址保护、碎片减缓与环境保护）、可兼容性与互操作性、月球活动监管等四个分组开展专题研讨，计划于 2022 年发布"技术指南"。

除了这两个组织外，今年来国际社会上还出现了由年轻学者组成的学术团体和联盟，他们代表着"月球的下一代"，组织开展公开的研讨并发布自己的观点报告。这些由非政府组织召集的研讨，以及发表的观点和报告，又将会对未来的国际空间法产生什么样的影响呢？

（四）中国航天技术近年来发展迅速，如何在参与全球的外空治理活动方面应对上述变化，维护好中国人的权益呢？

中国航天近年来发展迅速是有目共睹的，以"嫦娥"月球探测工程、北斗导航工程、中国空间站工程为代表的一批战略性航天工程项目的顺利实施，有力地提升了中国航天在国际舞台上的地位。尤其是以"嫦娥四号"为代表的航天工程任务，代表人类首次探测了月球背面，在国际社会上引起了强烈的反响。围绕着未来的空间自然资源的探测和开发活动，中国人也宣布了"探月四期"工程，建设国际无人月球科考站的设想，以及公布了小行星探测及防御任务设想。同时中国的私人商业航天力量也在快速集聚，中国的第一个商业太空采矿公司深圳"起源太空"公司也完成了第一次发射任务。

正因如此，关于中国航天快速崛起带来的空间威胁，以及必将带来中美"第二次空间竞赛"等观点论调，也在国际社会上广为流传。虽然中国从未宣布自己的太空采矿规划，但是围绕着月球南极水冰资源的探测及开采活动，一旦爆发国际冲突该怎么办的担忧却传遍了整个国际社会。因此联合国外空委还设立了"外空资源治理工作组"，专门讨论如何"避免潜在的冲突，提前制定游戏规则"。那么，在外空资源治理的发展进程中，中国人该如何应对，并维护好中国人的权益呢？

上述四个问题，建议读者朋友们边阅读边思考。我们认为目前仅仅是拉开了序幕，随着太空采矿科学与技术的进步，关于外空资源的治理问题会变得越来越炙热。作为中国人，从历史上看，我们曾经饱受屈辱，从陆地到海洋，从海洋到空中。那么今天的中国航天人，为了我们的子孙后代，不会在近地轨道、月球轨道、火星轨道及以远再遭受屈辱，就从这一刻开始，学习并拿起法律武器，"软硬"两手抓，既有能力搞好航天工程项目建设，也有能力在外空资源治理活动中，发挥中国智慧，维护好中国人的权益。

这就是我们愿意花费时间、精力与金钱，共同翻译、校对及出版这本书的初衷。

果琳丽
写于北京唐家岭航天城
2021 年 11 月

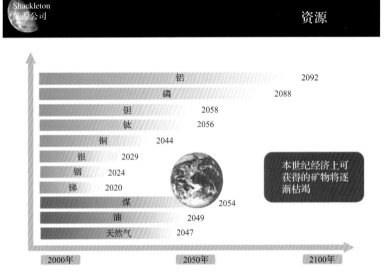

铝　　　　　2092
磷　　　　2088
钽　　　2058
钛　　　2056
铜　　2044
银　2029
铟　2024
锑　2020
煤　　2054
油　　2049
天然气　2047

本世纪经济上可
获得的矿物将逐
渐枯竭

2000年　　　2050年　　　2100年

图 2.4　经济上可获得的矿物的预计短缺情况

（插图由 Shackleton Energy 公司提供）

图 2.6　2014 年 2 月，行星能源公司的 Peter Diamandis、Chris Lewicki 和 Steve Jurvetson
（从左到右）为公司的 3D 打印卫星揭幕（插图由 Planetary Resources 公司提供）

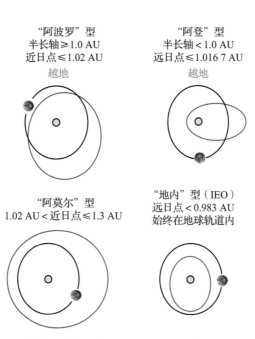

"阿波罗"型
半长轴≥1.0 AU
近日点≤1.02 AU
越地

"阿登"型
半长轴 < 1.0 AU
远日点≤1.016 7 AU
越地

"阿莫尔"型
1.02 AU < 近日点≤1.3 AU

"地内"型（IEO）
远日点 < 0.983 AU
始终在地球轨道内

类型	占已知近地小行星的比例
"阿波罗"型	62%
"阿登"型	6%
"阿莫尔"型	32%
"地内"型	6颗

图 3.1　各种类型的近地小行星与地球轨道的关系（插图由 NASA/JPL 提供）

图 3.2　用于"深空"1 号探测器的氙离子推进器（插图由 NASA 提供）

图 4.2　太空中的 NASA "奥西里斯" 探测器（插图由 NASA 提供）

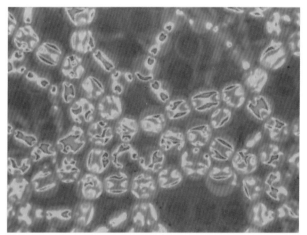

图 4.3　受声波增强影响的断层线的力链（以红色显示）

（插图由美国洛斯·阿拉莫斯国家实验室提供）

图 5.1　"新视野" 号探测器在 2015 年 7 月 14 日飞越冥王星（插图由 NASA 提供）

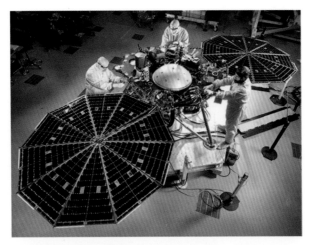

图 5.2 　"洞察"号火星着陆器进行最后的组装（插图由 NASA 提供）

图 5.3 　"好奇"号火星探测器（插图由 NASA 提供）

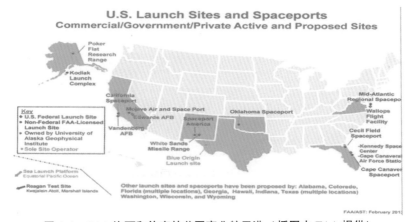

图 6.1 　FAA 许可和待定的美国商业航天港（插图由 FAA 提供）

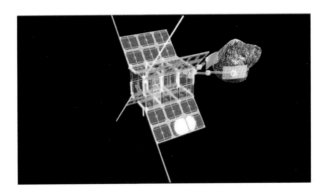

图 6.3 艺术家对深空工业公司的探测器进行小行星捕获的构想

（插图由深空工业公司提供）

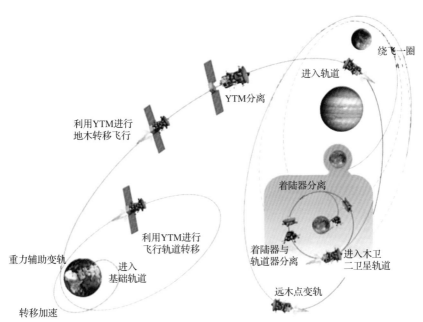

绕飞一圈

进入轨道

YTM分离

利用YTM进行
地木转移飞行

着陆器分离

利用YTM进行
飞行轨道转移

重力辅助变轨

着陆器与
轨道器分离

进入木卫
二卫星轨道

进入
基础轨道

远木点变轨

转移加速

图 7.2 带有单独着陆器的"木卫"三任务飞行剖面图

（插图由俄罗斯航天局提供）

月壤样品转移
至返回舱

月壤采样

返回舱再入
地球大气

图7.3　1976 年苏联 Luna – 24 月球取样返回任务（插图由俄罗斯航天局提供）

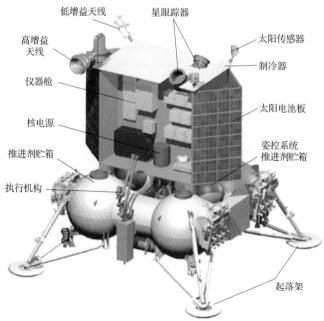

低增益天线　　星跟踪器

高增益
天线

太阳传感器

制冷器

仪器舱

太阳电池板

核电源

姿控系统
推进剂贮箱

推进剂贮箱

执行机构

起落架

图7.4　俄罗斯"月球"25 号（或"月球"Glob）着陆器将提供最新的土壤分析

（插图由俄罗斯航天局提供）

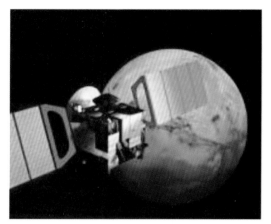

图 8.1 在火星上方绘制的 ESA 的"火星快车"（插图由 ESA 提供）

图 9.1 MUSES——由 ISAS 设计、日本发射进入月球轨道的卫星（插图源由 JAXA 提供）

图 9.2 SELENE－2 号正在降落到月球表面（插图由 JAXA 提供）

图 9.3 "隼鸟" 2 号探测器于 2018 年年中采集小行星 1999 JU3 的样本的艺术概念图

(插图由 JAXA 提供)

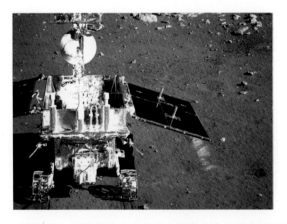

图 9.4 "嫦娥" 3 号携带的 "玉兔" 月球车正在月球表面执行任务

(插图由 JAXA 提供)

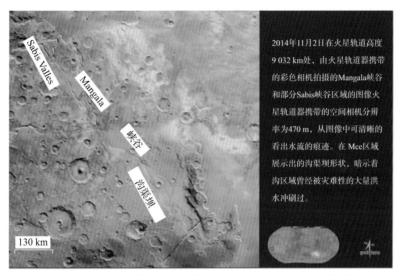

2014年11月2日在火星轨道高度9 032 km处，由火星轨道器携带的彩色相机拍摄的Mangala峡谷和部分Sabis峡谷区域的图像火星轨道器携带的空间相机分辨率为470 m，从图像中可清晰的看出水流的痕迹。在Mce区域展示出的沟渠坝形状，暗示着沟区域曾经被灾难性的大量洪水冲刷过。

图 9.5　印度火星轨道飞行器拍摄的 Mangala Valles 区域图像

（插图由 ISRO 提供）

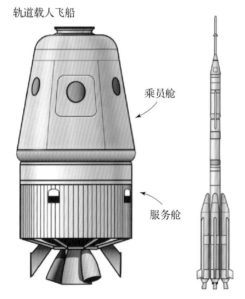

图 9.6　印度轨道载人飞船和地球同步卫星运载火箭 GSLV Mark III

（插图由 ISRO 提供）

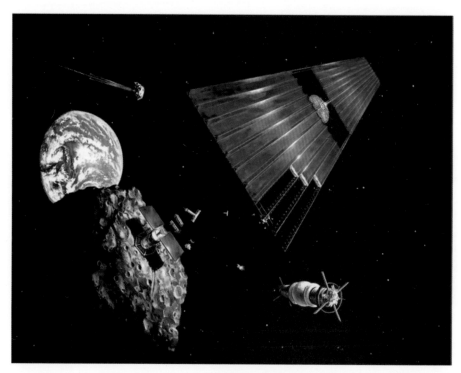

图 12.1　一颗用太空开采的材料制造出的太阳能卫星（插图由 NASA 提供）